Bauernlandschaft

Bauernlandschaft

Wie Familienbetriebe die Bayerischen Alpen prägen

Cordula Flegel

at VERLAG

AT Verlag AG, Aarau und München
Fotografie: Cordula Flegel
Lektorat: Petra Holzmann
Gestaltung und Satz: Maria Fischer, Rose Pistola GmbH
Bildbearbeitung: Christian Spirig, bilderbub.ch
Druck und Bindearbeiten: Graspo CZ, a. s.
Printed in Czechia

ISBN 978-3-03902-192-5

www.at-verlag.ch

Der AT Verlag wird vom Bundesamt für Kultur
für die Jahre 2021–2024 unterstützt.

Nächste Seite: Tegernseer Berge, Setzbergalm

Einleitung

Mit den Bauernfamilien, die ich für dieses Buch fotografierte, habe ich darüber gesprochen, was für sie die Landwirtschaft in den Alpen ausmacht. Und wie umgekehrt die Bergwelt ihre Arbeit beeinflusst. In den Bayerischen Alpen wird ausschließlich Vieh- und Waldwirtschaft betrieben. Die Landwirtschaft ist immer noch kleinräumig und handwerklich, doch auch hier müssen sich die Betriebe anpassen, um wirtschaftlich zu arbeiten. Lange Zeit galten sie als unrentabel und wenig zukunftsorientiert. Doch das ändert sich gerade.

Die Alpen werden immer stärker genutzt, und ein großer Teil ihrer Anziehung hängt mit den Almweiden und den traditionellen bäuerlichen Strukturen zusammen, von denen hier viele bewahrt blieben. Da ich selbst mit meiner Familie in den Alpen lebe, am Schliersee, und oft in die Berge gehe, sehe ich, wie vielfältig diese Landschaft ist. Mir gefällt es, wenn das Vieh auf die Almen getrieben wird. Der Artenreichtum auf den Almböden ist wertvoll. Die Lebensmittel, die auf den Höfen erzeugt werden, sind hochwertig. Ich hoffe, dass sich die Betriebe, die für all das sorgen und die so energisch und nachhaltig geführt werden, halten. Von ihnen hängt ab, wie sich die Kulturlandschaft um uns herum entwickeln wird. Um diese Entwicklung besser einschätzen zu können, und auch um zu verstehen, welche Art von Landwirtschaft in den Bergen zukunftsfähig ist, habe ich einzelne Betriebe besucht und mir Initiativen der bäuerlichen Direktvermarktung genauer angeschaut.

Hans Leo, der eine Käsereigenossenschaft in Kreuth mitbegründet hat, begleitete ich in das Almweidegebiet, in dem er den Sommer über gemeinsam mit anderen Bauernfamilien das Jungvieh weiden lässt. Dort gibt es keinen Fahrweg, man muss anderthalb Stunden zu Fuß bergauf gehen. Mit Alois Willerer und seinem Sohn Michael bin ich zur Waldarbeit ins verschneite Wendelsteingebiet gefahren. Marina Stürzer zeigte mir, dass in der Milchviehhaltung Kühe und Kälber näher beieinander gehalten werden können, und Matthias Stadler erklärte mir beim Heumachen, wie sich der Eiweißgehalt der Grasernte morgens und abends unterscheidet. Diese Gespräche waren anschaulich und lebensnah, und mit den Besuchen auf den Höfen begann ich, mich noch einmal neu in der Landschaft umzuschauen. So entstand das Konzept zu diesem Buch. Im vorderen Teil gehe ich auf die Besonderheiten der Landwirtschaft in den Bergen und auf ihre Bedeutung für den Naturschutz und die Kulturlandschaft ein. Im Hauptteil stelle ich dreizehn Betriebe vor und zitiere aus den Gesprächen mit den Familien.

Fast alle Höfe liegen im Mangfallgebirge, einem kleinen Teil der Bayerischen Alpen zwischen Kreuth und Bayrischzell. Ein Hof liegt etwas nördlich des Tegernsees, bei Wall. Mich auf diese Region zu beschränken, hat es mir ermöglicht, über einen längeren Zeitraum in den Betrieben zu fotografieren. Während ich die Bäuerinnen und Bauern begleitete, begann ich zu verstehen, wie viel Arbeit es wirklich bedeutet, Milchvieh zu halten. Jeden Tag in der Woche frühmorgens und abends zu melken, ist zeitaufwendig und anstrengend. Den Bezug der Bäuerinnen und Bauern zu ihren Tieren fand ich beeindruckend, und mich hat überrascht, wie unterschiedlich in den Betrieben gearbeitet wird. Jede Bauernfamilie hat ein eigenes betriebswirtschaftliches Modell entwickelt, das sie die viele Arbeit bewältigen lässt und das mit den Interessen aller Familienmitglieder vereinbar ist. Darin liegt ganz sicher einer der Gründe, warum diese Betriebe bis heute wirtschaften können.

Meine Besuche in den Betrieben verstand ich als Reise, um zu erfahren, wie sich altes und neues Wissen verbinden lässt. In den bäuerlichen Praktiken und Traditionen, die in den Familien weitergegeben werden, lassen sich viele handwerkliche Methoden und soziale Konzepte entdecken, die nachhaltig sind und von jeder Generation anders ausgelegt und weiterentwickelt werden. Das ist nicht immer leicht zu sehen, weil es sich um Bereiche handelt, die alltäglich sind und nicht ungewöhnlich wirken. Doch diese Form der Landwirtschaft, in der sich die Familien mit ihrer Arbeit an der Natur, an den Tieren und an den Menschen in der eigenen Umgebung orientieren, ist etwas Besonderes und wird in Zukunft immer wichtiger.

Cordula Flegel, Neuhaus

Leitzachtal, von einem Biber gebauter Damm
Aurach, Moor
Wendelsteingebiet, Bergwald

Vorausgehende Doppelseite, links: Wendelsteingebiet
Nächste Doppelseite: Schliersee, Rixneralm

Das Bauernland trifft auf die Berglandschaft der Alpen

Die unteren Äste der Buchen, Eichen und Fichten auf der Buckelwiese bei Geitau sehen aus wie abgemäht. Das Laub wird von den Kühen so hoch abgefressen, wie sie mit ihren Mäulern gelangen, denn Rinder mögen nicht nur Gräser und Kräuter, sondern auch die Äste der Nadelbäume und grünes Laub. Die unebene Wiese muss freigehalten werden, damit sie nicht zuwaldet, und der Einsatz von Maschinen ist hier nicht möglich. Die Oberflächenform einer Buckelwiese bildet eine für die Alpen typische geologische Formation und fördert, genau wie die höher gelegenen lichten Almweiden, den Artenreichtum vieler Pflanzen- und Insektenarten. Sie ist Teil einer vielfältigen, von Menschen geschaffenen Landschaft.

Bis vor einigen hundert Jahren wurden die Rinder in den Alpen fast ausschließlich im Wald gehalten. Weiden und lichte Flächen gab es nur oberhalb der Baumgrenze. Erst als man damit begann, den Bergwald zu roden, um zusätzliche Weidegebiete zu gewinnen, entwickelte sich die Landschaft so, wie wir sie kennen. Viele Generationen von Bäuerinnen und Bauern sorgten dafür, dass die Almweidegebiete nicht wieder zuwuchsen, und dass sich die Weiden in den Tälern so fett und ertragreich entwickelten, dass immer mehr Kühe gehalten werden konnten.

Das Mangfallgebirge gehört zu den Bayerischen Voralpen, einem Gebirgszug der Bayerischen Alpen. Südlich von Miesbach verändert sich die einförmige Grünlandschaft des Alpenvorlandes. Zwischen den Dörfern stehen viele Einödhöfe, die Umgebung wird hügeliger, und an den Wiesen wachsen Baum- und Strauchpflanzen. Diese Struktur aus Grünflächen und Feldgehölzen nennt man »Haglandschaft«, sie ist als eine besondere Form der Kulturlandschaft geschützt. Auf Höhe der beiden großen Seen, dem Tegernsee (726 m ü. NHN) und dem Schliersee (777 m ü. NHN), beginnen die Alpen. Je näher man in die Berge kommt, über Schliersee nach Bayrischzell und um den Tegernsee herum nach Kreuth, desto kleinräumiger werden die landwirtschaftlich genutzten Flächen. Auch in den Ortschaften gibt es noch Bauernhöfe, und auf den Weiden stehen Milchkühe und Jungvieh.

Geitau, Alpbach

Vorausgehende Doppelseite, links: Geitau, Baumgarten

Streuobstwiesen und Bauerngärten

Durch die Seenlandschaft und die Nähe zu München gibt es eine ausgeprägte Infrastruktur in dieser Alpenregion, doch sie ist immer noch sehr bäuerlich geprägt. Mit den Almgebieten, den prägnanten Talräumen und den Einfirsthöfen, in denen Wohntrakt und Stall liegen, gilt das südliche Oberland als Inbegriff des ländlichen Oberbayerns. Zu den meisten Bauernhöfen gehören Streuobstwiesen und Bauerngärten. Brennholz, Heuballen und in Plastikfolie verschweißtes Grünfutter lagern gestapelt an den Hauswänden und hinter den Ställen. Auf beinahe jedem Hof gibt es ein Austragshäusl, in das die Altbauern ziehen, sobald der Hof übergeben ist. Meist ist der Fuhrpark überschaubar. In den letzten Jahren wurden viele neue Laufställe für das Vieh gebaut. Wenn neben den Hofgebäuden ausreichend Platz ist und die Betriebe früh genug übergeben wurden, kann investiert werden.

Die meisten Bauernfamilien halten Milchvieh, einige Betriebe ziehen Jungvieh auf oder produzieren Weidefleisch. Zur Viehhaltung und Grünlandwirtschaft kommen weitere Einkommensquellen. Die Familien bieten Gästewohnungen und Kutschfahrten an, räumen Schnee, produzieren Bau- und Brennholz, vermarkten hofeigene Produkte und arbeiten noch in anderen Berufen. Die Höfe verfügen über durchschnittlich fünfundzwanzig Hektar Grünland, dazu kommen Wald- und Almflächen. Das Futter, das die Bauernfamilien auf ihren eigenen Flächen erzeugen können, reicht für zwanzig bis dreißig Milchkühe, dazu kommt die Aufzucht.

Almwirtschaft und Tourismus

Seit die Menschen in den Alpen leben, wirtschaften sie auch hier. Doch es gibt zunehmend unterschiedliche und miteinander konkurrierende Nutzungsinteressen. Während die Berge von vielen Menschen als Freizeit- und Erholungsraum wahrgenommen und mitunter als Naturraum idealisiert werden, betreiben die Bauernfamilien hier Landwirtschaft und haben zusätzlich noch eine weitere, wichtige Funktion: Sie sorgen mit ihren Rindern und Schafen dafür, dass die Bergweiden offen gehalten werden.

Im Mangfallgebirge gehört die Almwirtschaft zur Landwirtschaft. Spätestens Anfang Juni wird das Vieh zu Fuß oder mit Hängern auf die Almen gebracht. Hier verbringen die Jungtiere ungefähr einhundert Tage, bis sie im Herbst wieder zurück auf die Höfe kommen. Bis heute bilden die Almweidegebiete einen wichtigen Teil der Futtergrundlage für das Vieh, doch inzwischen werden sie auch als wertvolle Biotope geschützt, und ihr Offenhalten durch die Weidehaltung wird gefördert.

Beinahe so wichtig wie die Landwirtschaft ist für diese Alpenregion der Tourismus. Die Berge ziehen immer mehr Menschen an, die hier wandern und Sport treiben möchten. Während die Wintertouristen und Sommerfrischler, die hier ihre Ferien verbringen, schon seit Längerem dazugehören, nimmt der Sport- und Tagestourismus in den letzten Jahren immer stärker zu. An Gutwettertagen sind sehr viele Menschen in den Bergen und in den Almweidegebieten unterwegs. Die Bäuerinnen und Bauern ärgern sich über frei laufende Hunde, liegen gelassenen Plastikmüll, der für Rinder lebensgefährlich sein kann, und über geöffnete Weidezäune. »Ohne Weiden kein Tourismus«, steht weiß auf rot auf einem Banner, das der Bauernverband im Spitzinggebiet neben der Taubensteinbahn angebracht hat. Es soll darauf aufmerksam machen, dass die Wanderer Rücksicht nehmen sollen, und erklären, dass hinter der Bergweidewirtschaft viel Arbeit steckt. Doch dieser Satz lässt sich auch umdrehen. Der Tourismus verlangt nach einer vielfältigen Kulturlandschaft, und die Förderung der Almwirtschaft entspricht nicht nur dem Naturschutz, sondern auch der wirtschaftlichen Notwendigkeit, die Almweiden als Wandergebiete zu erhalten. Der Wander- und Sporttourismus bewirkt eine indirekte Unterstützung der Landwirtschaft. Deshalb müssen Lösungen, die allen Menschen, die die Berge nutzen, und die beiden Wirtschaftsbereichen gerecht werden, von den Gemeinden erarbeitet werden.

Landwirtschaft und Naturschutz

Im Mangfallgebirge wie im gesamten Alpengebiet ist es für die Bauernfamilien wichtig, mit dem Boden und dem Wasser schonend umzugehen, denn kleine Betriebe sind besonders abhängig von gesunden Ressourcen. Auf den Höfen werden nur so viele Kühe gehalten, wie mit dem Futter der zur Verfügung stehenden Landflächen ernährt werden können. Weil die Berge einer Intensivierung der Landwirtschaft entgegenstehen, blieb die Landwirtschaft in den Alpen an die Natur angepasst. Sie hängt stärker von den Menschen und ihren Interessen und Fähigkeiten ab als von Maschinen, und blieb, anders als die industrialisierte Landwirtschaft in Deutschland, immer durch Handarbeit geprägt. Doch während die Bäuerinnen und Bauern im Mangfallgebirge relativ unbeeindruckt von den Entwicklungen in der großräumigen Landwirtschaft ihre Rinder weiter auf die Weiden und in die Almgebiete trieben, haben sich die äußeren Bedingungen für die Landwirtschaft auch in den Bergen verändert: Steigende Bodenpreise etwa machen es kleinen Betrieben schwer, zusätzliches Land zu erwerben. Und die Preise in der Milch- und Holzwirtschaft schwanken stark, sodass sich die Wirtschaftlichkeit von langfristigen Investitionen schwer einschätzen lässt. Doch es gibt einen Bereich in der bäuerlichen Landwirtschaft, dem in den Bergen eine zunehmend größere Rolle zugestanden wird und der die Betriebe stärken kann: die Landschaftspflege. Im Mangfallgebirge nutzen die Bauernfamilien nicht nur die ergiebigen Grünflachen und Waldgebiete, sondern pflegen mit den vielen kleinräumigen und wenig ertragreichen Nutzflächen die gesamte Kulturlandschaft. Einige landwirtschaftliche Maßnahmen werden deshalb als Naturschutzmaßnahmen bezuschusst.

In den Bergen besteht die Landschaft aus den unterschiedlichsten Lebensräumen, wodurch sich viele Pflanzen- und Insektenarten entwickeln können, und oft geht die Kulturlandschaft unmerklich in die Naturlandschaft über. Die Artenvielfalt der Almböden wird mit der ursprünglichen Natur der Alpen in Verbindung gebracht. Doch all diese lichten Flächen sind über lange Zeiträume kultiviert worden und bleiben nur durch eine bäuerliche Bewirtschaftung erhalten. Sobald auf ihnen keine Schafe und Rinder mehr grasen, und die Flächen nicht mehr geschwendet, also von jungen Bäumen befreit werden, wachsen sie wieder zu. Von den Gipfeln aus kann man gut sehen, wo sich die Almweidegebiete erstrecken, und sich vorstellen, wie anders die Kulturlandschaft aussähe, würden all diese Gebiete wieder mit Wald zuwachsen. Der Erhalt der Bergweidegebiete gehört deshalb zum Naturschutz. Die Bauernfamilien bekommen nicht nur Ausgleichszahlungen für die Landwirtschaft in den entlegenen Gebieten, sondern auch Weideprämien, wenn sie ihre Tiere auf die Almflächen treiben und das Gelände pflegen.

Mit dem Vertragsnaturschutz wird die mühsame und durch die Finanzierung von Almpersonal auch kostenintensive Bewirtschaftung der Almböden unterstützt. Doch ein weiterer Bereich des Naturschutzes sorgt aktuell für Unmut in der Almwirtschaft. Für den Schutzstatus des Wolfes, der sich in den Alpen gerade wieder ansiedelt, haben die Bäuerinnen und Bauern kein Verständnis. Wölfe reißen neben Wildtieren auch Weidetiere, und sie dürfen nicht geschossen werden. Doch nicht nur der Verlust einzelner Tiere stellt ein Problem in der Viehwirtschaft dar. Auch die Tatsache, dass die Stellen in den Almweidegebieten, auf denen ein Tier gerissen wurde, von den Herden noch jahrelang weiträumig gemieden werden. Das Jungvieh und auch die Schafe suchen dann nach neuen Regionen in den Bergen, um ungestört zu weiden. Viele Tiere wagen sich so in steilere Lagen. Die Anwesenheit von Wölfen erhöht die Gefahr, dass Tiere in Panik geraten und abstürzen.

Moore und Streuwiesen

Lange wurde zwischen landwirtschaftlich genutzten Flächen und reinen Naturschutzgebieten, die auf keinen Fall mehr bewirtschaftet werden und sich selbst überlassen bleiben mussten, unterschieden. Inzwischen wird neben dem Erhalt der Almweidegebiete auch darauf geachtet, dass die artenreichen Flächen in den Tälern erhalten bleiben. Das funktioniert durch die Bewirtschaftung, doch die lohnt sich für die Betriebe auf solchen Flächen nicht, da sie mitunter feucht sind, uneben, nicht mit normalen Maschinen zu bearbeiten und wenig Ertrag bringen. Eine Buckelwiese oder eine Wiese mit sehr vielen unterschiedlichen Wildpflanzen ist deshalb immer eine Naturschutzmaßnahme und eine bezuschusste Flächennutzung. Die mageren, ungedüngten Wiesen mit den vielen Wildblumen und die meist nassen Streuwiesen, auf denen auch früher kein gutes Futter wuchs, sondern nur Einstreu für die Kühe gewonnen werden konnte, dürfen nur ein- bis zweimal im Jahr geschnitten werden. Besonders gut zu sehen ist das zwischen Neuhaus und Aurach. Hier gibt es links der Straße, unterhalb von Bahnlinie und Wirtschaftswald, einen Wiesenabschnitt, auf dem im Juni und Juli viele unterschiedliche Wildblumen wachsen und sich wieder aussamen können.

Und während die meisten Moore in den Alpen längst verschwunden sind, weil sie für die Landnutzung trockengelegt wurden, wurde das nahe gelegene Hochmoor bei Aurach in den Jahren 2009 bis 2014 wieder vernässt. Die Streuwiesen um das Moor herum, die ebenfalls von den Bauern freigehalten werden, bilden wie die geschützten Wiesenabschnitte und die Almweidegebiete vielfältige Biotope. Hier wachsen viele seltene und geschützte Pflanzen wie Orchideen und Wollgras.

Gmund. Die Mangfall ist ein Abfluss des Tegernsees. Der Tegernsee wird von den Hauptflüssen Rottach und Weißach gespeist sowie von kleineren Zuflüssen wie dem Söllbach, dem Zeiselbach und dem Breitenbach.

Aurach, Moor

Das Moor zwischen Neuhaus und Aurach wurde renaturiert. Hochmoore dienen dem Trinkwasser- und Hochwasserschutz. Sie können viel Wasser und bis zu sechsmal mehr Kohlenstoff speichern als ein Wald. Die meisten dieser für die Alpen so typischen Moore wurden für den Torfabbau trockengelegt. Durch den hohen Wasserstand gibt es im Moor wenig Sauerstoff im Boden. So entwickeln sich hier vor allem hochspezialisierte Pflanzenarten, die mit wenig Nährstoffen auskommen, wie Moorbirken, Latschen, Wollgras, Seggen, Torfmoose, Rauschbeeren und Sumpfbärlapp. Seltene Falter- und Libellenarten fühlen sich wohl im Moor, sowie Kreuzottern und Eidechsen. Und auch für Rehe ist das Moor ein geschützter Rückzugsraum. Neben dem Moor liegen Streuwiesen. Die Pestwurz gedeiht auf dem nährstoffreichen und feuchten Gewässerrand des Bachs, der das Moor umfließt und an die landwirtschaftlich genutzten Flächen grenzt.

Rotwandgebiet, Mischwald *(links)*. Wallberg, Nadelwald *(Mitte)*. Der Ahorn wechselt im September als erster Laubbaum die Farbe. Tannen erkennt man an den aufrecht auf den Zweigen wachsenden Zapfen. Für die Fortpflanzung wirft die Tanne nur die Samen ab, die Zapfenspindeln bleiben an den Zweigen haften. Ihre Zweige wachsen eher waagerecht aus dem Stamm heraus. Bei Fichten biegen sich die Zweige in der Mitte leicht durch. Und auch die Wurzeln der Bäume unterscheiden sich: Die zu den Kieferngewächsen gehörenden Fichten dringen als Flachwurzler nicht sehr tief in die Erde ein, deshalb sind sie anfälliger für Trockenheit und auch für Sturmschäden. Tannen sind mit ihrer tiefen Pfahlwurzel gut mit dem Boden verbunden und werden bei einem Sturm nicht so schnell umgerissen.

Geitau, Mieseben *(rechts)*. Die Buckelwiese kann nur beweidet werden, für eine maschinelle Bearbeitung ist die unebene Fläche nicht geeignet. Weil die Kühe Äste und Laub von unten abweiden, entsteht eine gleichmäßige Asthöhe. Buckelwiesen sind eine für die Alpen typische Bodenformation. Sie bieten einen abwechslungsreichen Lebensraum für zahlreiche Arten. Früher wurden solche Flächen für die Landwirtschaft eingeebnet, inzwischen werden sie als kulturlandschaftlich bedeutsame Biotope geschützt.

Rotwandgebiet, Bergwald. Gmund, Sägewerk. Geitau, Baumgarten. Ein langsames, ungestörtes Wachstum im Gebirge sorgt für die gute Qualität der Baumstämme. Im Mangfallgebirge wachsen überwiegend Fichten, aber auch Lärchen, Tannen, Eichen und Ahorn. Die Erhaltung und Schaffung von naturnahen Bergmischwäldern gehört zur Naturschutzarbeit. In der Forstarbeit wird zwischen Bergwald und Schutzwald unterschieden. Bei den Verjüngungs- und Pflegemaßnahmen des Schutzwaldes wird vor allem der Schutz vor Steinschlag, Muren, Hangrutschungen und Lawinen angestrebt, im Bergwald die bessere Erzeugung und Vermarktung von Holz.

Kreuth. Im Landschaftsschutzgebiet Weißachau dürfen die Kühe der »Weißachau Weidegemeinschaft« weiden. Bevor im Mangfallgebirge Grünlandwirtschaft betrieben wurde, gab es unterhalb der Baumgrenze nur Waldweiden. Durch die Rinderhaltung wurde der Wald gelichtet und Jungbäume und Sträucher zurückgedrängt. Verbiss- und trittunempfindliche Pflanzenarten vermehrten sich. Grüne Wiesen und Weiden konnten sich erst durch die Rodung solcher Waldflächen und durch verlängerte Brachzeiten im Ackerbau entwickeln. In der frühen und noch nicht intensivierten Bewirtschaftung entstanden dann sogenannte magere und sehr artenreiche Grünflächen.

Die unter Naturschutz gestellte Tallandschaft an der Weißachau besteht heute wieder aus Magerweiden, lichten Waldweiden, Feuchtwiesen und kleinen Bachläufen. Durch die vorsichtige Beweidung und den bereits 1953 erfolgten Rückbau der Weißach, die hier vom Achenpass kommend zum Tegernsee fließt, konnten sich viele typische, flussbegleitende Vegetationsstrukturen entwickeln. An manchen Stellen wächst zudem Enzian, und es sind verschiedene Orchideenarten zu finden. Auch Biber haben sich angesiedelt. Durch die mäßige landwirtschaftliche Nutzung in Verbindung mit den natürlichen Entwicklungsprozessen nach der Flussregulierung und des Rückbaus entstand hier eine ungewöhnlich artenreiche und viel beachtete Kulturlandschaft.

Nächste Seite: Schliersee, Jägerbauernalm

Die Region

Besiedlung, Landwirtschaft, Tourismus

Das Mangfallgebirge erstreckt sich auf einer Fläche von 750 Quadratkilometern zwischen dem Isartal, dem Inntal und dem Rofangebirge. Hier liegen die Tegernseer Berge, die Schlierseer Berge und die Wendelsteingruppe. Das Mangfallgebirge bildet den östlichen Teil der Bayerischen Voralpen, die dem Alpenhauptkamm vorgelagert sind. Es gehört zu den Nördlichen Kalkalpen und reicht über die Grenze bis zum Achensee in Tirol. Sein höchster Berg, das Hintere Sonnwendjoch, liegt in Österreich. Auf deutscher Seite sind die Rotwand und der Hochmiesing die am höchsten gelegenen Gipfel mit 1884 und 1883 m ü. NHN.

Südlich von München gelegen, gehört diese Region zu den am längsten genutzten Gebieten in den Bayerischen Alpen. Mit den gut erreichbaren Bergen, den Alm- und Skigebieten und den noch immer bäuerlich geprägten Strukturen bildet sie einen nahezu idealen Erholungsraum. Die Nähe zur Stadt sowie das große Interesse der Münchner an den Bergen haben den Ausbau der Infrastruktur in dieser eigentlich sehr ländlichen Umgebung geprägt. Der Tourismus hat sich früh entwickelt und wuchs parallel zu einer bemerkenswerten technischen Entwicklung: Bereits 1883 wurde eine Hochdruckleitung für Trinkwasser vom oberen Mangfalltal nach München gelegt. 80 Prozent des Wasserverbrauchs der Landeshauptstadt wird heute durch das Quellwasser aus diesem Gebiet nördlich von Gmund, das als geschütztes Flora-Fauna-Habitat ausgewiesen ist, gedeckt. Die Mangfall selbst bildet den Abfluss des Tegernsees. Der Tegernsee wird von der Rottach und der Weißach sowie von weiteren kleineren Zuflüssen gespeist. Die Schlierseer Berge werden von der Leitzach und der Schlierach und ihren Quellbächen entwässert, die weiter nördlich ebenfalls in die Mangfall münden.

Die Entwicklung der Almwirtschaft

Im Mangfallgebirge gehören die Almweidegebiete zu den Höfen. Sie sind den Bauernfamilien sehr wichtig. Während der letzten vier Jahrzehnte wurde kein Einziges mehr aufgelassen. Entstanden sind die Almweiden erst ab dem Mittelalter, als sich die Menschen im Mangfallgebirge ansiedelten. Der aus dem 5. Jahrhundert überlieferte Name »Hellingersweng« für das heutige Bayrischzell lässt auf eine erste – alemannische – Siedlung im Leitzachtal schließen. Im 8. Jahrhundert wurden in der Nähe die Ortschaften Geitau, Kittenrain, Klarer, Riedlern und Hochkreuth gegründet, die heute als Ortsteile zu Bayrischzell gehören.

Der Beginn der Besiedlung des Tegernseer Tals wird auf das Jahr 746 datiert, als die adeligen Brüder Adalbert und Oatkar das Kloster Tegernsee gegründet haben sollen, das im Mittelalter ein spirituelles und kulturelles Zentrum mit Kontakten in weite Teile des heutigen Europa bildete. Nach der Säkularisierung zu Beginn des 19. Jahrhunderts entdeckten die Wittelsbacher den Tegernsee für sich. 1817 kaufte der erste bayerische König Max Joseph das Kloster Tegernsee und baute es zu einer Sommerresidenz um. Mit ihm kamen Künstler und Literaten sowie die ersten Sommerfrischler in die Region.

Am Schliersee wird die erste dauerhafte Besiedlung für das Jahr 779 angenommen, als auf dem Kirchbichl das Kloster »Slyrs« errichtet wurde. Fünf Brüder aus dem bayerischen Uradel der Waldecker wollten sich in der Wildnis ansiedeln. Es ist anzunehmen, dass die gesamte Region in dieser Zeit noch mit Wald bedeckt war.

Um die Kirchenleute, ihre Bediensteten, die Handwerker und im späteren Mittelalter auch die wachsende Bevölkerung der Städte ernähren zu können, begannen die Bauern, Land zu roden. Doch der Ackerbau war in dieser regenreichen Umgebung schwierig. Lohnenswert wurde die Landwirtschaft in den Alpen vor allem durch die Haltung von Rindern, die als Wiederkäuer Nahrung im Wald fanden und in den Höhenlagen oberhalb der Baumgrenze weiden konnten.

Als die Bauern begannen, geeignete Waldgebiete in den Mittellagen zu roden, um mehr Weideflächen für das Vieh zu gewinnen, begann sich im Mangfallgebirge wie überall in den Alpen die Almwirtschaft zu entwickeln. Das Gras der hofnahen Weiden konnte im Sommer getrocknet und als Winterfutter genutzt werden. Die Milch der Kühe auf den Almen wurde zu haltbarem Käse verarbeitet und zu Butter, die sich gut vermarkten ließ. So wurden Fleisch und haltbare Milchprodukte für die Bevölkerung produziert. An diesem alten Prinzip der Almwirtschaft wird bis heute festgehalten. Doch mit wenigen Ausnahmen wird inzwischen nur noch Jungvieh auf die Almen getrieben. Das Milchvieh bleibt in dieser Region schon seit den 1970er-Jahren auf den Höfen, wo es mit Melkanlagen gemolken werden kann.

Die Almböden bilden bis heute den vielleicht schönsten und sicher den artenreichsten Teil der Kulturlandschaft im Mangfallgebirge. In den Bergen kann man sehen, wie die Rinder hier seit Jahrhunderten Kuhgangeln in den Hang getreten haben. Bedingt durch die Anordnung ihrer Mägen können sie nur parallel zum Berg fressen und nutzen dafür immer dieselben Spuren. Als Wiederkäuer können Rinder viel von dem, was in den Bergen wächst, verdauen; sie werden darin, und auch in der Fähigkeit, sich in den steilen Gebieten zu bewegen, nur noch von den Bergschafen übertroffen.

Auf den beweideten und sonnenintensiven Almböden wachsen verschiedene, lichtliebende und häufig geschützte Wildpflanzen, angepasst an die extremen Bedingungen in den Alpen. Durch die Kleinräumigkeit der Almwirtschaft entsteht das für die Alpen typische, regional immer wieder unterschiedliche Landschaftsmosaik. Bewaldete Flächen, Almböden und Übergangsgebiete wechseln sich ab und bilden nicht nur eine nützliche, sondern auch eine aus ökologischer Sicht besonders wertvolle Landschaft, denn die unterschiedlichen Naturräume bewirken eine hohe Biodiversität. Um diese Vielfalt zu erhalten, ist es notwendig, die Almgebiete weiter zu bewirtschaften.

Von Juni bis September werden Frauen und Männer angestellt, die nach dem Vieh schauen, Zäune setzen und das Gelände von Bäumen und übermäßig einseitiger Unkrautentwicklung freihalten. Die Almweidegebiete unterscheiden sich je nach Lage, Temperatur, dem Nährstoffgehalt des Bodens und dem Wasserhaushalt. Die »Oimera«, wie das Almpersonal auf bayerisch heißt, müssen viel von den Tieren verstehen und die Vegetation einschätzen, um die Grasversorgung der Herde über die gesamte Almzeit hinweg zu gewährleisten. Dafür werden die Gebiete in fette und magere Weiden, Moore, Quellgebiete und Waldweiden eingeteilt. Der Nutzungszeitpunkt und die Pflegemaßnahmen müssen aufeinander abgestimmt werden, damit die Flächen durch die Beweidung verbessert und das Futter optimal genutzt werden kann. Die wertvollen Fettweiden der Almgebiete haben einen nährstoffreichen Boden, auf dem viele Futterpflanzen wachsen und genügend Wasser vorhanden ist. Wenn sie abgeweidet sind, wachsen die Pflanzen hier nach fünf bis sieben Wochen nach. Magere Almwiesen können dagegen nur einmal in der Almsaison beweidet werden. Wenn Magerwiesen besonders wenig Wasser aufweisen, nennt man sie Trockenwiesen. Die Pflanzen, die auf mageren Böden gedeihen, brauchen wenig Nährstoffe und Wasser. Sie haben einen geringeren Futterwert, sind aber qualitativ wertvolle Futterpflanzen. Viele seltene und geschützte Pflanzen gehören dazu. Magere Weiden walden schnell zu, aber sie sind besonders artenreich und ziehen deshalb auch viele verschiedene Schmetterlinge, Bienen und andere Insektenarten an. Der Boden wird von unterschiedlichen Käfern und Würmern besiedelt, die wiederum Vögel anlocken. Von Mai bis Juli ist der Blühstand dieser Flächen im Mangfallgebirge am schönsten. Aber auch in allen anderen Monaten bilden die Almweidegebiete eine naturnahe und abwechslungsreiche Landschaft, die viele Menschen berührt.

Anfang Juni, wenn es genügend Futter gibt, wird das Vieh auf die höher gelegenen Almen getrieben, nachdem es manchmal schon auf sogenannten *Niederlegern* weiden durfte. Die Tiere lernen voneinander, gute und schlechte Futterpflan-

Rotwandgebiet, Schönfeldalmen

Vorausgehende Doppelseite, links: Neuhaus, Stockeralm

Wallberggebiet, Plankenstein, Setzberg, Wallberghaus

Nächste Seite: Tegernsee, Rottach-Egern

zen zu unterscheiden und giftige Pflanzen zu meiden. Deshalb werden ältere und jüngere Tiere miteinander aufgetrieben. Im Mangfallgebirge werden heute fast ausschließlich Jungtiere auf den Almen gehalten, aber auch Pferde fühlen sich hier wohl. Die Schafe dürfen auf den entlegenen und steilen Flächen weiden. Von den Höfen aus wird dafür gesorgt, dass die Almgebäude und die Zufahrtswege instand gehalten werden. Wo es keine Wege gibt, werden die Almen auch mit Hubschraubern versorgt.

Bäuerliche Architektur

Als im Jahr 2016 in Schliersee das im Zentrum liegende historische »Schredlhaus«, in dem das Heimatmuseum beherbergt ist, erweitert werden sollte, stieß man bei den Bauarbeiten auf eine Holzwand aus dem Spätmittelalter, sie wurde auf das Jahr 1406 datiert und gilt als die älteste in Bayern erhaltene Blockbauwand. Im Miesbacher Land gibt es viele Höfe, die im Mittelalter begründet wurden. Die damaligen Hofbauten wurden im Laufe der Jahrhunderte ersetzt. Der regionale Bautypus dieser Höfe ist der Einfirsthof: Wohntrakt, Stall und Heuboden liegen hintereinander geordnet unter einem steilen, überkragenden Satteldach, das die in dieser Region üblichen Schneelasten aushalten muss.

Die tragenden Konstruktionen der historischen Bauernhäuser wurden bis ins 16. Jahrhundert als Blockbauten errichtet. Dafür verwendete man Nadelholz, das überall wuchs. Die Fundamente wurden aus Natursteinen gelegt. Später mauerte man die Untergeschosse aus Stein, ausgehend von den Wänden um die Feuerstätten in den Küchen. Denn mit dem Aufkommen der Salinen und dem Salztransport auf Flößen wurde der Baustoff Holz knapper, und das offene Feuer in den Rauchküchen bildete eine zu große Brandgefahr. Die Obergeschosse der Höfe wurden dagegen noch bis ins 20. Jahrhundert weiter in Blockbauweise errichtet, oft mit umlaufenden Laubengängen. Errichtet haben diese Häuser nicht nur die Bauern selbst. Oft wurden die besten Handwerker beauftragt. Der handwerklich fundierte Umgang mit dem Baustoff Holz ermöglichte die Stabilität und die beeindruckende Langlebigkeit dieser Gebäude. Die Böden wurden mit Ziegeln aus gebranntem Lehm ausgelegt, die Jahrhunderte überdauerten. Im *Markus Wasmeier Freilichtmuseum* in Neuhaus kann man das in den historischen Bauten besichtigen, die dorthin gebracht und wieder aufgebaut wurden.

Die Architektur der Bauernhöfe ist eng mit der katholischen Kirche, der die Bauern jahrhundertelang unterstanden, verbunden. So verfügen viele größere Höfe über eine eigene Hauskapelle, und manche Hofgebäude sind mit den Bildern von Schutzpatronen verziert.

Auf den alten Votivtafeln in der Wallfahrtskirche Birkenstein sieht man noch Höfe, die ein Doppelkreuz mit Zickzackbalken tragen: eine Vereinfachung des Scheyerner Wappens. Eine Gräfin hat es im 11. Jahrhundert nach Bayrischzell gebracht, als sie dort zu Ehren ihres verstorbenen Mannes, dem Wittelsbacher Grafen von Scheyern, ein Kloster errichtete.

Und auch heute noch gibt es in den Stuben der Höfe einen Herrgottswinkel in einer Ecke des Raumes. Dort werden religiöse und persönliche Reliquien wie Kruzifix und Marienstatue, Familienbilder, Palmzweige und Kräuterbuschen aufgehängt und aufgestellt.

Neben der Kirche, den traditionell gut ausgebildeten Handwerkern und den Baustoffen der Umgebung war es vor allem das Leben nahe den Bergen, das die Architektur der Höfe im Detail prägte. Es galt, dem Bergklima zu trotzen. Die Fensteröffnungen blieben klein, der Dachvorstand schützte die Hauswände, die Stuben bekamen eine Süd-Ost-Ausrichtung. In der Farbgebung entsprechen die Fassaden den natürlichen Baumaterialien und der Landschaft. Die Proportionen und die Strukturen der bäuerlichen Architektur vermitteln eine ähnliche Harmonie und Unverwüstbarkeit wie die raue alpine Natur der Umgebung. Ihre Form und Funktion entspricht einem Leben mit der Natur. Das ist vor allem an den einfachen Almgebäuden zu sehen, die sich geradezu nahtlos in die Umgebung der Berge einfügen, um dem Wetter nicht zu stark ausgeliefert zu sein. Ihre Architektur ist schnörkellos und auf eine einfache Art besonders ästhetisch. Die Almhütten werden von den Bauernfamilien ähnlich gewissenhaft instand gehalten und gepflegt wie die historischen Hofgebäude, die immer noch das Erscheinungsbild der Region bestimmen. Ergänzt werden die großen Einfirsthöfe seit den 1990er-Jahren mit weitläufigen Laufställen aus Holz und Beton.

Wie die Bauernfamilien in der Region in den Besitz ihrer Höfe gelangten

Über tausend Jahre lang gehörten die Bauernhöfe im Mangfallgebirge den Stiften, Klöstern und dem Adel. Die Bauern waren ursprünglich Leibeigene. Erst zu Beginn des 19. Jahrhunderts, als in Mitteleuropa, bedingt durch die geistigen Strömungen von Humanismus und Aufklärung, eine Loslösung der Gesellschaft von der Kirche angestrebt wurde, veränderten sich diese Strukturen und später auch die Besitzverhältnisse. In Bayern kam es in jener Zeit zu einer Revolution, die das gesamte politische, wirtschaftliche, soziale und kulturelle Leben umwälzen und die Grundlagen für einen modernen Staat bilden sollte. Am 25. Januar 1802 löste der Kurfürst Maximilian IV. Joseph per Kabinettsorder fast alle bayerischen Klöster auf. Das Kirchengut, darunter Grund und Boden, Wälder und Gebäude, fiel an den Staat. So wurden zwei Drittel der bayerischen Bauern zu Untertanen des Staates.

Es folgte eine schwierige Phase wirtschaftlicher Umwälzung, von der vor allem die kleinen Bauern betroffen waren. Denn mit den Klöstern war nicht nur die Grundherrschaft abgeschafft worden, es fehlten nun auch wichtige Arbeitgeber und Kreditgeber der einfachen Leute. Da viele Ländereien und Wirtschaftsgüter in kurzer Zeit versteigert wurden, kam es zu einem Überangebot und zum Preisverfall. Die vom Staat benötigten Gewinne verringerten sich und mit ihnen das Einkommen der Bauern und Handwerker. Eine Agrarkrise war die Folge. Der Staat setzte die Frondienste und Pachtabgaben der Bauern, die nun staatliche Privilegien waren, mit noch höherem Druck als die Klöster durch.

Erst mit der Revolution von 1848 wurden die Bauern wirklich befreit. Nachdem der Reformer Maximilian von Montgelas die Abschaffung der Leibeigenschaft in Bayern bereits 1808 durchgesetzt hatte, wurden nun endlich die Grundlasten der Bauern gegenüber ihren Grundherren gestrichen oder in feste Bodenzinse umgewandelt. Die Dienste und Naturalabgaben wurden in Geldabgaben geleistet. Gleichzeitig wurde das Jagdrecht des Adels auf fremdem Grund und Boden abgeschafft. So konnten die Bauern zu Eigentümern ihrer Landwirtschaft werden. Die Ablösungszahlungen, die sie als Entschädigung an die ehemaligen Grundbesitzer leisten mussten, zogen sich jedoch vielerorts noch über Generationen hin, bis 1908 ein Gesetz diese Verfahren regulierte.

Die Entwicklung von Infrastruktur und Tourismus

Neben den besonderen Bedingungen für die Landwirtschaft in den Alpen und der Besitznahme der Ländereien durch die Bauern sind der Ausbau der Infrastruktur und die damit einhergehende Entwicklung des Tourismus eine wesentliche wirtschaftliche Basis dieser Alpenregion.

Eine der vier Zahnradbahnen in den Bayerischen Alpen, und zudem die älteste aktive, führt von Brannenburg aus auf den Wendelstein. 1910 wurde sie von dem Industriellen Otto von Steinbeis initiiert, um dem bereits damals wachsenden Zustrom der Besucher einen möglichst komfortablen Zugang in die Berge zu verschaffen. Über zwei Jahre lang waren dafür rund achthundert Arbeiter, überwiegend aus Bosnien und Italien, unter schwersten Bedingungen im Einsatz. Im Jahr 1912 wurde die Bahn eingeweiht. Bereits dreißig Jahre früher, im Jahr 1883, war das erste Wendelsteinhaus eröffnet worden. Der Münchner Verein »Wendelsteinhaus« hatte es als Schutzhütte errichtet. Diese frühe Bahnverbindung und die touristische Erschließung der Berge war der Nähe zur Landeshauptstadt München und der im 19. Jahrhundert geradezu explodierenden Technikbegeisterung geschuldet.

Schon 1869 war am Schliersee die Bahnstrecke nach München fertiggestellt worden. Einige Schlierseer Bürger hatten sie gefordert, um Ausflügler in den Ort zu locken. 1883 wurde die Bahnstrecke Holzkirchen-Gmund eingeweiht, im selben Jahr wie die Schutzhütte auf dem Wendelstein. Ein Jahr zuvor, 1882, war in Miesbach von Oskar von Miller die erste elektrische Gleichstromfernübertragung über eine längere Strecke, nämlich in das 57 Kilometer entfernte München, ausprobiert worden. Diese Entwicklung hatte, obwohl sie nur einige Tage lang funktionierte, ebenso wie die spätere Errichtung einer Güterbahn in das Spitzinggebiet weltweite Beachtung erfahren. Nachdem im Januar, März und Juli des Jahres 1919 Föhnstürme enorme Waldflächen rund um den Spitzingsee zerstört hatten, wurde vom Bahnhof Fischhausen-Neuhaus eine Güterbahntrasse zum Spitzingsee gebaut. Die Überwindung der vielen Höhenmeter auf so kurzer Strecke galt als eine Ingenieursmeisterleistung. Als das Sturmholz 1922 abtransportiert worden war, wurde die Bahn wieder abgebaut und veräußert.

Während Miesbach, Schliersee und Tegernsee schon seit den 1870er-Jahren an das Münchner Bahnnetz angeschlossen waren, erhielt der 15 Kilometer weiter südlich in den Bergen gelegene Ort Bayrischzell erst 1911 einen Bahnanschluss. Die Chronik von Bayrischzell ermöglicht einen guten Einblick in die Entwicklung des Tourismus der gesamten Region: Noch im Jahr 1900 hatte man in Bayrischzell nur »fünf bis zehn Fremde« als Sommerfrischler ausgemacht, 1901 den ersten Skiläufer. 1905 fand im Ort bereits das erste Skirennen statt, 1912 bekam Bayrischzell einen Stromanschluss. Kurz vor Ausbruch des Ersten Weltkrieges zählte man hier »1229 Kurgäste und 4413 Passanten bei 22 806 Übernachtungen«. Dabei hatte der Talort im Jahr 1919 nur 959 Einwohner, die in genau 122 Häusern lebten. In den Jahren 1920/21 wurden 70 000 Übernachtungen registriert, eine enorme Entwicklung so kurz nach dem Krieg. Die Bauernfamilien rückten zusammen, vermieteten ihre eigenen Betten und ihre Stuben an die Kur- und Tagesgäste und boten Familienanschluss. Nach dem Zweiten Weltkrieg wurden in Bayrischzell zudem circa 700 geflüchtete Menschen aufgenommen, von denen sich viele dauerhaft in Bayrischzell ansiedelten. Anfang der 1960er-Jahre zählte man in dem kleinen Ort 273 000 Übernachtungen. Diese enorme Entwicklung des Tourismus ist typisch für die gesamte Region.[1]

Seit den 1950er-Jahren wurden in vielen Bauernhöfen Ferienwohnungen für die »Fremden« eingerichtet, die heute »Gäste« und »Touristen« genannt werden. Zeitgleich entwickelte sich Spitzingsee zum ersten Wintersportort in Bayern. Das Land für die Lifttrassen, Hotels und Parkplätze wurde von den Bauern gekauft oder gepachtet. Einige Bauernfamilien schlossen sich zusammen, um eigene Skilifte zu betreiben. Andere begannen, ihre Traktoren für den Winterdienst einzusetzen. 2008 wurden in der »Alpenregion Tegernsee Schliersee«, wie die Region heute zu Werbezwecken genannt wird, 6,5 Millionen Tagesgäste und fast 2,5 Millionen Übernachtungen gezählt. Ein Teil der Übernachtungen fällt auf Höfe mit aktiver Landwirtschaft. Diese Entwicklung ist für die kleinstrukturierte Landwirtschaft ein wesentlicher wirtschaftlicher Faktor und erklärt auch, warum es hier so viel mehr Höfe als in anderen ländlichen Regionen Bayerns geschafft haben, sich zu halten.

Der Generationenvertrag

Das Miesbacher Land und der Alpenrand bieten eine hohe Lebensqualität. Nicht nur Wanderer, Reisende, Gäste und Touristen kommen in die Region, sondern auch viele Menschen, die sich hier dauerhaft niederlassen möchten. Die Grundstückspreise liegen auf städtischem Niveau, und das beeinflusst auch die Preise für Wald- und Grünlandflächen. Doch der Verkauf von Grund ist für die Bauern ein Tabu, besonders in einer Region wie dem Mangfallgebirge, in der das Land äußerst begrenzt ist. Wenn ein Hof Land veräußert, ist das in den meisten Fällen nie wieder rückgängig zu machen. Und doch wurde in den letzten Jahrzehnten die strenge traditionelle Erbfolge an nur einen Erben vor allem mit Grundstücksverkäufen für die anderen Erben abgemildert. Allerdings nur, wenn die Grundstücke als Bauland ausgewiesen werden konnten. Viel länger als in anderen Regionen Deutschlands war es in dieser Alpenregion üblich, nur einem Erben, und das war vorzugsweise der erstgeborene Sohn, den Hof zu übertragen. Innerhalb der traditionellen gesellschaftlichen Strukturen mussten Höfe nicht aufgeteilt werden. Der Besitz konnte oft vollständig in der Familie gehalten und mitunter sogar noch per Heirat oder Adoption erweitert werden. Heute ist das Erbrecht im Sinne aller Nachkommen geregelt, und die Höfe werden so an die nächste Generation weitergegeben, wie es innerhalb der Familien ausgehandelt wird.

Um einen Hof mit mehreren Generationen zu bewohnen und auch, um die Nachfolge zu regeln, braucht es einen guten Zusammenhalt in den Familien. Die Bedingungen einer Nachfolge sind heute für die jungen Bäuerinnen und Bauern vielschichtig. Mit dem Ausdruck »Viel Sach, wenig Bares« macht man sich im Bayerischen ein bisschen lustig über die wirtschaftlichen Verhältnisse der kleinstrukturierten Höfe. Zu den Höfen gehören wertvolle Grundstücke und Gebäude, doch ihre Bewirtschaftung ist häufig mit einem geringen Einkommen verbunden. Die Bäuerinnen und Bauern besitzen zwar das Grünland, die Waldflächen und Almböden mit einem hohen ideellen und einem steigenden Verkehrswert, doch dieser Besitz ist nicht veräußerbar. Und um eine bestimmte und finanziell tragende Anzahl von Rindern halten zu können, braucht jeder Hof eine entsprechende Mindestgröße. Wer heute zusätzliches Land pachten möchte oder in einen Laufstall investieren muss, weil die historischen Ställe veraltet sind, muss sich mitunter generationsübergreifend verschulden.

Junge Bäuerinnen und Bauern übernehmen mit der Erbfolge und der Viehwirtschaft ein hohes Maß an Arbeit und tragen die Verantwortung für den Fortbestand der Höfe. Wenn sie den Betrieb von den Eltern übergeben bekommen haben, sieht der Generationenvertrag vor, dass die Altbauern am Hof bleiben. Dafür werden sogenannte »Austragshäusl« auf dem Hofgrundstück gebaut. Nur in großen Hofgebäuden können beide Familien zusammen leben. Im Gegenzug arbeiten die Altbäuerinnen und Altbauern weiterhin mit auf dem Hof und helfen bei der Betreuung ihrer Enkel. Dieses Dreigenerationenmodell ist, wenn es gut funktioniert, eine weitere wichtige Vorraussetzung dafür, dass sich kleinere Höfe behaupten können. Denn Arbeitskräfte zu bezahlen, ist aus betriebswirtschaftlicher Sicht nicht möglich.

Strukturwandel in der Landwirtschaft

Nach dem Zweiten Weltkrieg gehörte Bayern zu den ärmsten Teilen Deutschlands. Mit dem Überwinden der Nachkriegszeit, der starken Industrialisierung der Landwirtschaft, der technologischen Entwicklung und nicht zuletzt dank des Tourismus gehört es heute zu den reichen Bundesländern. Während sich der Freistaat Bayern in einen Industrie- und Dienstleistungsstandort verwandelt hat, wurde die Landwirtschaft als sogenannter »Nährstand«, der die Menschen mit Lebensmitteln versorgt, wirtschaftlich abgedrängt. Besonders die kleinen Höfe waren von dieser Entwicklung betroffen.

Durch die Mechanisierung der Landwirtschaft in den 1950er-Jahren begann sich die Arbeit der Bauernfamilien in Deutschland und auch im Miesbacher Land zu verändern. Traktoren wurden angeschafft und später auch Melkanlagen. Doch die Massentierhaltung, die andernorts die Oberhand gewann, indem Tiere mit Überschüssen aus dem Ackerbau gemästet wurden, hat sich in dieser Region nie durchgesetzt. Obwohl die Nutzung der Grünflächen auch hier intensiviert wurde, indem man begann, Kunstdünger und Unkrautvernichtungsmittel einzusetzen und den Boden mechanisch zu bearbeiten, blieb die »extensive Landnutzung«, bei der man Rinder mit ausreichend Platz auf Weiden und sogar in Bergweidegebieten hält, Teil der bäuerlichen Identität.

Im Miesbacher Land konnte sich die Landwirtschaft anders entwickeln, weil es an die Alpen grenzt. Die Region blieb umso stärker bäuerlich geprägt, je näher man an den Alpenrand kommt. 82 Prozent der Flächen im Landkreis werden heute land- und forstwirtschaftlich genutzt. Die Schwerpunkte der landwirtschaftlichen Erzeugung sind die Milchviehhaltung und die Rinderzucht. Ungefähr eintausend Bauernhöfe gibt es im Landkreis Miesbach – mit einer durchschnittlichen Betriebsgröße von 27 Hektar landwirtschaftlicher Fläche und durchschnittlich 25 Milchkühen. Das bedeutet, dass es hier dreimal so viele landwirtschaftliche Betriebe pro Einwohner gibt wie im Rest des Landes; diese Betriebe verfügen jedoch nur über ein Drittel der durchschnittlichen Flächen. 156 Almen werden im Miesbacher Land bewirtschaftet. Alle Betriebe, die in diesem Buch vorgestellt werden, besitzen eine Alm oder die Berechtigung, ein Almweidegebiet zu nutzen.

Setzberg, Röthensteinalm

Nächste Seite: Rotwandgebiet

Regionale Produkte und bäuerliche Feste

Käse, Fleischprodukte und Brot sind die klassischen Bestandteile einer bayerischen Brotzeit. Die kleinstrukturierte Landwirtschaft prägt nicht nur die Landschaft dieser Region, sie beeinflusst auch das gesamte Landleben mit seinen sozialen Strukturen, den Handwerksbetrieben und der Esskultur. Im südlichen Oberland gibt es noch einige handwerklich arbeitende Bäckereien und Metzgereien. Dass sich Familienbetriebe, die diese Produkte selbst herstellen, neben den Supermarktketten behaupten können, spricht für einen besonderen Qualitätsanspruch innerhalb der Region. Gute regionale Lebensmittel werden hier wertgeschätzt, vor allem von den Bauernfamilien selbst. In vielen Gasthöfen der Region wird auf der Speisekarte angegeben, welcher Hof das verwendete Fleisch und den Käse erzeugt hat. Und man ist gut beraten, in Gasthöfen mit einer Metzgerei einzukehren, in der noch selbst geschlachtet wird und wohin auch die Bauernfamilien zum Essen gehen.

Die bayerische Küche ist insgesamt eine bäuerlich geprägte Küche, die von der Wertigkeit der verwendeten Lebensmittel lebt. Die Bauernfamilien wissen, wie stark der Geschmack von Milch und Fleisch von der Haltung der Tiere und der sorgfältigen Verarbeitung abhängt. Lieber werden hier einfache Lebensmittel gegessen als auf eine gute Qualität der Produkte verzichtet. Was auch für das Sonntagsgewand gilt. In den Alpenregionen ist es noch üblich, ein Dirndl bei der Schneiderin nähen und einen Janker stricken zu lassen, eine Lederhose beim Säckler zu bestellen und den Hut beim Hutmacher. Das Sonntagsgewand und die Tracht sind ein wichtiger Bestandteil der bäuerlichen Kultur. Sie werden feiertags getragen sowie zu allen traditionellen Festen und Familienfeierlichkeiten. Die handgefertigten Kleidungsstücke aus Wolle, Leder und Leinen sind teuer. Sie werden sorgsam behandelt und ausgebessert, können ein Leben lang halten und manchmal noch vererbt werden. Für die Bauernfamilien sind diese Kleidungsstücke ein Teil ihrer Identität. In ihnen zeigt sich der Stolz auf die eigene Arbeit und die Wertschätzung regionaler Produkte.

Besonders deutlich wird das bei Anlässen wie dem Almabtrieb und der Leonhardifahrt. Wo der Weg von der Alm nicht zu weit ist, treiben die Bauernfamilien ihre Rinder gemeinsam mit Helfern zum Hof. Wenn es keinen Unfall in der Almzeit gab, werden die Tiere mit Kränzen, Papierblumen und Silberdisteln geschmückt. Manche bekommen handgeschmiedete, schwere Glocken umgebunden, die weithin zu hören sind. Auf diese Weise haben die Bauernfamilien früher einmal im Jahr auf sich und ihre Arbeit aufmerksam gemacht, heute ist der Almabtrieb im Mangfallgebirge, anders als in den Berchtesgadener Alpen und im Allgäu, eher ein familiäres Ritual. Bei Kälteeinbruch oder bei zu weiten Wegen werden die Jungtiere auch mit Traktoren und Hängern von den Almen wieder hinunter transportiert. Doch immer noch hört man von September bis Anfang Oktober weithin das Geläut der Almabtriebe.

In der ersten Novemberwoche finden dann die Leonhardifahrten in Kreuth und Fischhausen statt. Dabei kommen die Bauernfamilien in Tracht, unterstützt von Brauereien, Handwerkern und Trachtenvereinen, mit ihren Pferden und Kutschen zu den Wallfahrtskirchen, um vom Heiligen St. Leonhard, dem Schutzpatron der Gefangenen und der Tiere, religiösen Beistand zu erbitten und für die Gesundheit der Tiere zu danken. Nach dem Segen der örtlichen Pfarrer und der Kapellenumrundung wird gefeiert.

Bäuerliche Identität und Kreislaufwirtschaft

Der sorgsame Umgang mit der Natur und mit den Tieren ist für die Bauernfamilien der Region wesentlich und gleichzeitig ein nachhaltiger Aspekt ihrer Arbeit. Das zeigt vor allem die Haltung von kleinen Herden, die zusätzlich zur maschinellen Versorgung umfassend von den Bäuerinnen und Bauern betreut werden können. Zu sehen, wie sich die Tiere im Stall und vor allem auf der Weide wohlfühlen, beeinflusse die eigene Lebensqualität, sagt die Bäuerin Marina Stürzer. »Was ich meinen Kindern zeigen möchte, ist doch vor allem ein respektvoller Umgang mit dem Leben und mit der Natur.«

Wenn sich die Viehwirtschaft am Tierwohl orientiert, ist sie mit hoher Wahrscheinlichkeit auch an die übrige Natur angepasst. Parallel zur industriellen Entwicklung der Landwirtschaft halten viele kleine Betriebe in den Alpen an den eigenen traditionell bäuerlichen Arbeitsweisen fest. Zwar hat man sich auch hier spezialisiert und die Maschinisierung vorangetrieben, aber Kreislaufwirtschaft und Weidehaltung sind für die Bäuerinnen und Bauern im Oberland normal. Die Kühe haben Namen, Ressourcen werden sparsam eingesetzt, Dinge des Alltags repariert, handwerkliche Arbeit wertgeschätzt. Auch die Nachbarschaftshilfe ist ein Teil des bäuerlichen Selbstverständnisses geblieben. Zu den Höfen gehören Bauerngärten, in denen Gemüse und Kräuter für den Eigenbedarf angebaut werden und die bezüglich der Artenvielfalt und einem nachhaltigen Anbau vorbildlich sind. Darüber hinaus sind diese Gärten schön anzusehen, und sie sind der Stolz der Bäuerinnen und Altbäuerinnen. Wer die Arbeit leisten kann, hält sich am Hof Hühner und Schweine. Der Geschmack von guten Tier- und Milchprodukten und eine saisonale Küche sind in den Alpenregionen nie in Vergessenheit geraten. Nur wenn sich die Arbeit am Hof auf zu wenige Menschen verteilt, werden traditionelle Arbeiten wie Gemüseanbau und Kleintierhaltung reduziert. Durch die Handarbeit in den Familienbetrieben gibt es eine Verbundenheit mit den Erzeugnissen, mit den Tieren und auch mit dem Boden. Die Wertschöpfung aus der eigenen Arbeit wird nicht ausschließlich am Gewinn gemessen, sondern auch daran, wie es sich auf den Höfen leben lässt, wie gut es den Tieren geht und wie die Kulturlandschaft aussieht. Ein Drittel der landwirtschaftlichen Betriebe im Miesbacher Land wirtschaftet biologisch, das ist dreimal so viel wie der bundesweite Durchschnitt. Die Produktivität ist auch in den Bergen wichtig, um die Höfe zu halten, aber sie steht nicht über allen anderen Werten.

Milchpreis und Eigeninitiative

Auch in Verbindung mit der Almwirtschaft, dem Tourismus, dem Generationenvertrag und der Biolandwirtschaft haben die Bauernfamilien in der Region Mühe, die Kosten für die Viehhaltung durch den Milchpreis und die Erlöse, die sie durch die Nachzucht erzielen, zu decken. Doch inzwischen lässt sich die Milch aus dem Oberland besser vermarkten als noch vor einigen Jahren. Produkte, die mit den Alpen identifiziert werden, sind begehrt. Die Aufmerksamkeit in Bezug auf die Produktionsart in den Bergen ist gestiegen, und die Rückbesinnung auf regionale Lebenmittel passt gut in ein traditionell bäuerliches Umfeld.

»Auf dem Land müssen wir Vielfalt leben und Regionalität, und nicht einfach den internationalen Märkten folgen. Die können auch vielfältig sein, keine Frage. Doch wir Bauern arbeiten vor allem dann gut, wenn wir uns mit unserer Landwirtschaft auf unsere Region beziehen; wenn wir das machen, was sich in unserer eigenen Umgebung gut umsetzen lässt«, sagt der Bauer Hans Leo. In der von Leo mitbegründeten »Naturkäserei TegernseerLand eG« vermarkten einige Bauernfamilien aus dem Tegernseer Tal ihre Produkte selbst. Ihnen hat die aggressive Marktpolitik der Supermärkte und Molkereien so wenig gefallen, dass sie sich zusammengetan und eine eigene Genossenschaft gegründet haben. Seit 2010 produziert und vertreibt die Naturkäserei Käse und Milchprodukte aus Heumilch. Dafür haben sich die Bauernfamilien selbst auferlegt, ihre Kühe ausschließlich mit Heu und mit nur wenig Kraftfutter zu füttern und auf Silage zu verzichten. Die Käsereigenossenschaft sorgt jedoch nicht nur dafür, dass man regional erzeugten Käse beziehen kann. Sie bietet auch Arbeitsplätze, propagiert das Tierwohl, informiert die Verbraucher über eine naturverträgliche Form der Landwirtschaft, bedient den Tourismus und den Naturschutz. Die Landwirte, die ihr angehören, bestimmen gemeinsam, wie sie arbeiten wollen. Und sie fühlen sich für die Landschaftspflege verantwortlich. »Noch vor einigen Jahren wirkten unsere Betriebe wie übrig geblieben, wie von der Industrialisierung der Landwirtschaft verschont. Heute gelten sie als Garant einer intakten Kulturlandschaft«, erklärt mir die Vorstandsvorsitzende der Naturkäserei, die Bäuerin Sophie Obermüller.

Hans Leo, der wie sie die Gründungsphase der Naturkäserei mitgeprägt hat, betont: »In der Betriebswirtschaft wird heute propagiert, man soll die Gefühle rauslassen und pragmatisch vorgehen, um wirtschaftlich handeln zu können, doch aus meiner Sicht ist das der falsche Weg. Wir betreiben Landwirtschaft, dabei geht es um Lebensmittel. Lebensmittel, die wertvoll sind, können nicht ohne Gefühl hergestellt werden. Eine Landwirtschaft ohne Gefühl kann es nicht geben. So, wie man nicht gut kochen kann ohne Gefühl. Menschen, die Nahrungsmittel herstellen, müssen ihre Arbeit gern machen. Das Käsemachen ist ein anspruchsvolles Handwerk, darauf muss man sich einlassen können, jeden einzelnen Tag. Nur so lassen sich Produkte herstellen, die wirklich schmecken und die ihren Preis wert sind. Alles andere wäre eine rein industrielle Produktion, und die hat mit uns nichts zu tun.«

Der Alpenforscher Werner Bätzing untersuchte den Nutzen traditioneller Landwirtschaft, wie sie die Genossenschaftsbauern der Naturkäserei leben, und schreibt: »Die Regionalwirtschaft [...] unterscheidet sich sehr deutlich vom globalen Wirtschaften, indem sie multifunktionale Ziele verfolgt, auf regionale Qualität statt auf hohe Quantitäten setzt, mit relativ kleinen Mengen zu tun hat und eng mit nichtwirtschaftlichen Tätigkeiten, dem ländlichen Leben und der Umwelt verflochten ist. Deshalb ist es für eine solche Regionalwirtschaft kein Ziel, möglichst niedrige Produktionskosten zulasten von Umwelt und Gesellschaft zu realisieren, weil die Produzenten von den negativen Auswirkungen selbst unmittelbar betroffen wären. Nur mit einer solchen Wirtschaft kann der ländliche Raum langfristig als ein vielfältiger, attraktiver und lebendiger Lebens- und Wirtschaftsraum erhalten werden, der sich nicht vom globalen Wirtschaften abschottet (ausgewogene Doppelnutzung), aber selbstbewusst seine eigenen Qualitäten stärkt.«[2]

Die Initiative der Tegernseer Bauern wurzelt in einer starken Verbundenheit mit der eigenen Region. Sie ist sowohl eine unglaublich mutige Initiative wie auch ein betriebswirtschaftliches Erfolgsmodell, deren Wirken stark auf den Landkreis ausstrahlt und so auch die Arbeit der anderen Bauern begünstigt. Der Begriff »Regionale Lebensmittel« steht vor allem dank solcher Zusammenschlüsse glaubwürdig für die gehobene Qualität handwerklich erzeugter Lebensmittel.

Die Direktvermarktung hofeigener Produkte ist auch durch die Kommunikationswege, die das Internet ermöglicht, für viele Bauernfamilien im Umkreis eine Option geworden. Inzwischen gibt es zudem Vermarktungszusammenschlüsse für Rindfleisch: Die Initiative »Biokalb Oberland« und das Portal »Miesbacher Weidefleisch« kommen Endverbrauchern entgegen, die genau wissen möchten, wie die Tiere gehalten werden, und das Geld, das sie für hochwertiges Rindfleisch zahlen, nicht dem Zwischenhandel überlassen möchten. Der Verein »Oberland Bioweiderind« informiert Landwirte, Gastronomen, Kantinen und Metzger über die Vorteile und Kriterien von Weidefleisch, um zwischen Erzeugern und Verbrauchern zu vermitteln und Weidefleisch zu vermarkten.

Darüber hinaus werden auch Verhandlungen über den Milchpreis geführt. Die Bäuerin Marina Stürzer weiß, wie wichtig es ist, für einen guten Umgang mit den Tieren einen höheren Milchpreis zu verlangen, und geht deshalb mit der Molkerei ins Gespräch. Die Familie Stürzer engagiert sich für

Bayrischzell, Wirtlalm

die Weidefleischvermarktung und lädt Schulklassen ein, um mit den Kindern und Lehrern über die Arbeit mit den Tieren und den Aufbau von Humus im Boden zu sprechen. Die Stürzers praktizieren mutterkuhgebundene Milchviehhaltung. Das bedeutet, die Kälber werden einige Tage bei den Kühen belassen und im Anschluss noch zwei Monate lang gesäugt. So wird dafür gesorgt, dass die Mutterkühe mit ihren Kälbern Kontakt haben können. Diese Haltungsform bedeutet zusätzliche Arbeit. Doch sie möchte, sagt Marina Stürzer, ihren Kindern vorleben, dass man Tiere nicht ausbeuten muss. Für die Direktvermarktung sei der direkte Austausch mit den Kunden, von denen viele extra aus München anreisen, Voraussetzung. Die Verbraucher benötigen Informationen für ihre Kaufentscheidung – und die Bauernfamilien können sie ihnen geben, denn sie wissen viel über das Tierwohl und den Boden- und Artenschutz. Mit der Direktvermarktung können die Bauernfamilien den Trend zu nachhaltiger Landwirtschaft für den Erhalt ihrer Höfe nutzen.

Artenvielfalt und Naturschutz

Es ist wichtig zu verstehen, warum gerade die Artenvielfalt der Pflanzen und Tiere so wesentlich für die Natur und für die Landwirtschaft ist, außer natürlich, dass eine artenreiche Wiese sehr schön anzusehen ist und Lebensqualität bedeutet.

Die wichtigsten Ressourcen der Alpen und der alpinen Landwirtschaft sind die Bodengesundheit und sauberes Wasser. Als Gebirge bilden die Alpen mit ihren vielen Bächen, Flüssen, Seen und den Gletschern einen riesigen Wasserspeicher. Sie sind das größte Süßwasserreservoir Europas. Im Mangfallgebirge gibt es enorm viel Wasser. Die Niederschlagsintensität ist ungefähr doppelt so hoch wie in der Landeshauptstadt. Die Landwirtschaft verfügt auch in trockenen Sommern noch über ausreichend Wasser. Allenfalls in Almweidegebieten ohne eigene Quelle kann die Wasserversorgung problematisch werden. Die Bauernfamilien müssen also eher dafür sorgen, dass das Wasser nicht mit Dünger oder mit Pflanzenschutzmitteln belastet wird.

Die landwirtschaftlichen Herausforderungen in den Bergen sind, neben den niedrigen Temperaturen und einer sehr kurzen Vegetationsperiode, das Bewahren der Wasserqualität und die Bodenbeschaffenheit. Die Flächen in den Tälern sind nicht besonders fruchtbar, denn in den Alpen gibt es von Natur aus nur eine dünne Humusschicht. Um diese obere fruchtbare Schicht des Bodens und die Nährstoffe darin zu bewahren und sogar aufzubauen, braucht es eine große Vielfalt an Pflanzen. Die Bodenfauna wie Regenwürmer, Bakterien und andere Kleinstlebewesen, die sich von diesen verschiedenen Pflanzen ernähren können, sorgen durch den mikrobiellen Umsatz für den Humusaufbau, was umso besser funktioniert, je wärmer eine Fläche ist. Das wiederum sorgt dafür, dass die Flora gesund ist. Der Bestand der vielen Pflanzen- und Tierarten, die für die Humusschicht sorgen, ist zudem von der Nutzungsintensität abhängig. Die meisten wilden Pflanzen vertragen kein übermäßiges Düngen. Auch der Einsatz von schweren Maschinen, die den Boden verdichten, schadet der Humusschicht. Da das Bodengefüge in den Bergen leicht zu zerstören ist, die Flächen kleinräumig und mitunter uneben sind, und die Temperaturen niedriger, ist die landwirtschaftliche Nutzung der Grünflächen und der Almböden eine besondere Herausforderung. Das ist wichtig zu wissen, um zu verstehen, warum es die Bäuerinnen und Bauern in den Bergen nicht gern sehen, wenn Wanderer über die Almböden und die Weiden laufen, anstatt auf den Wegen zu bleiben. Das kostbare Weidefutter soll so wenig wie möglich niedergetreten werden, denn das Vieh kann im September nur so lange auf den Almen gehalten werden, wie es ausreichend Futter findet; und der Grasertrag in den Tälern muss den Winter über reichen.

Der Artenreichtum ist jedoch nicht nur für die Landwirtschaft in den Bergen besonders wichtig, sondern auch für das Klima. Eine schonend bearbeitete, humusreiche Grünlandfläche nimmt viel Wasser und Sauerstoff auf und kann dadurch wesentlich mehr Kohlenstoff und Kohlendioxid speichern als intensiv bewirtschaftete Böden und sogar mehr als Waldflächen. So wird in diesen Grünlandflächen viel CO_2 aus der Luft gebunden, und der Boden selbst ist besser für regenreiche und trockene Perioden geschützt. Die Landwirtschaft muss deshalb mit dem Erhalt der Artenvielfalt einhergehen, und sie nicht immer weiter zurückdrängen. Doch nur wenn die Wertschöpfung aus der Lebensmittelproduktion und der Landschaftspflege gleichermaßen in ihrer Bedeutung für die Menschen anerkannt wird, geht die Landwirtschaft nicht zulasten der biologischen Vielfalt. Regional muss abgewogen werden, ob mehr Wert auf die landwirtschaftliche Produktion oder auf die Landschaftspflege gelegt werden soll, und in welcher Form beides so praktiziert und gefördert werden kann, dass die Natur und die Gesellschaft profitieren. Der Agrarwissenschaftler und Umweltökonom Ulrich Hampicke spricht in diesem Zusammenhang von »prinzipiell gleichrangigen Zielen«[3] der Landwirtschaft. Der Deutsche Verband für Landschaftspflege [DVL] begreift den Naturschutz und die Landschaftspflege als Teil der Agrarpolitik und setzt sich für die Unterstützung landwirtschaftlicher Betriebe ein, die Gemeinwohlleistungen erbringen. Dafür sollen die Förderprogramme der EU angepasst und die Biodiversitätsberatung für landwirtschaftliche Betriebe ausgebaut werden. In den Alpen ist das Bewusstsein der Bäuerinnen und Bauern für diese Zusammenhänge hoch, und sie steigern den wirtschaftlichen Ertrag in der Flächennutzung und in der Tierhaltung immer mit Bedacht. Den Landschaftsschutz als landwirtschaftlichen Betriebszweig zu fördern, stärkt gerade kleine Betriebe und dient dem Tourismus. Das ist zukunftsträchtig, denn in den tiefer gelegenen, nicht schneesicheren Regionen der Alpen wird die bäuerliche Landwirtschaft für den Tourismus stärker an Bedeutung gewinnen, wenn der Skitourismus durch die Klimaerwärmung weiter zurückgedrängt wird.

Wendelsteingebiet. Wendelsteinalmen mit einer alten Klaubsteinmauer, in denen die Tiere früher vor dem Viehtrieb, bei Unwetter, über Nacht und zum Melken gehalten wurden. Mit solchen Trockenmauern haben die Sennerinnen und Senner einen nützlichen Pferch geschaffen und zugleich die Almböden von Steinen befreit. So konnten sich die Weideflächen besser entwickeln. Mitte Mai gibt es hier noch Schneereste. Die Abwechslung aus bewaldeten und lichten Flächen bestimmt die Kulturlandschaft im Mangfallgebirge und in den gesamten Bayerischen Alpen. Im Hintergrund liegt das Skigebiet Sudelfeld, im Tal Bayrischzell.

Nächste Seite links: Der Blühstand der Almweide im Juni. In der Almwirtschaft werden auch wenig ertragreiche Flächen wie Magerwiesen, Trockenrasen und Nasswiesen genutzt und frei gehalten. Hier gedeihen unterschiedliche, wertvolle Gräser- und Kräuterarten. In dem südlich ausgerichteten und 1420 m ü. NHN hoch gelegenen Weidegebiet der Wendelsteinalmen gibt es Futtergräser wie Wiesenschwingel, Knäuelgras, Zittergras, Alpenrispe, Alpenschmiele, Kammgras und Seggen. Die Weidefutterkräuter sind Frauenmantel, Habichtskraut und Thymian. *Rechts:* Eine Streuwiese im September.

Neuhaus. Dieser Wiesenabschnitt wird als Vertragsnaturschutzmaßnahme schonend bewirtschaftet und erst im Juli gemäht. Die Wildpflanzen können sich entwickeln und aussamen. Duch die verschiedenen Pflanzenarten werden zahlreiche Insekten angezogen. Die Artenvielfalt schafft einen gesunden Ökokreislauf. Eine kleinflächige, mosaikartige Bewirtschaftung ist wesentlich für eine lebendige und naturnahe Kulturlandschaft. Hier werden nie alle Grünflächen gleichzeitig gemäht, sondern in einzelnen Abschnitten. Die Mahdzeitpunkte werden an die unterschiedlichen Flächen angepasst. An den Wiesenrändern werden wild bewachsene Böschungen ausgespart, die nicht gemäht werden. So bleiben Nahrungsquellen und Rückzugsräume für Insekten wie Heupferde, Bienen und Hummeln und auch für Kleintiere und Niederwild erhalten, bis die Pflanzen auf den bereits gemähten Wiesen wieder nachgewachsen sind.

Geitau, Baumgarten. Eine Grünlandfläche für die Futtergewinnung kurz vor der Heuernte, dahinter eine Weide mit Kuhgangeln und ein Fichtenwald. Je weniger intensiv eine Fläche bewirtschaftet wird, desto mehr Arten bleiben erhalten. In den Bergregionen ist es oft nicht möglich, großräumig und intensiv zu wirtschaften. Doch die Qualität der Erzeugnisse lässt sich durch eine kluge Flächennutzung, vor allem mit der Weidehaltung, steigern. Im Mangfallgebirge wird darauf geachtet, die Diversität und Genressourcen zu erhalten. Vertragsnaturschutzmaßnahmen unterstützen die Betriebe in dieser Art der Landwirtschaft, weil dem Naturschutz und der Landschaftspflege in den touristisch genutzten Alpen eine hohe Bedeutung zukommen.

Aurach. Geitau. Gutes Wetter ist eine Bedingung für die Heuernte. Der Grasschnitt kann auf trockenen Böden besser trocknen und ist energiereicher. Wenn die Gräser blühen, ist der Erntezeitpunkt genau richtig. Das Heu hat dann viele verdauliche Nährstoffe, und es gibt einen guten Ertrag. Muss es bei der Trocknung häufig gewendet werden, leidet die kräftige Heustruktur, die Wiederkäuer in ihrer Nahrung benötigen, und es kommt mehr Schmutz hinein. Neben Heu wird auf den Höfen auch Silage produziert, bei der das frisch geschnittene Gras luftdicht in Plastikfolie eingewickelt und fermentiert wird.

In den Tälern des Mangfallgebirges musste früher zunächst Wald gerodet werden, um Weideland für das Vieh zu gewinnen. Erst durch Düngung und mithilfe von Maschinen, die für die Düngung und Grasernte eingesetzt wurden, konnten sich daraus die fetten, ertragreichen Grünflächen entwickeln, die es braucht, um Kühe mit einer hohen Milchleistung zu halten. In der Grünlandwirtschaft ist die Boden- und Futterqualität einer Fläche wichtig. Die Futterpflanzen werden nach ihrem Nährstoffgehalt vereinfachend in Gräser, Kräuter und Leguminosen eingeteilt. Weil die Grünflächen im Mangfallgebirge begrenzt sind und nur über eine empfindliche Humusschicht verfügen, wird der Boden vorsichtig bearbeitet, und es wird mit organischem Dünger wie Mist und Odel gedüngt.

Sudelfeld, Almweide
Aurach, Moor

Jägerbauernalm. Pfanngraben. Ankelalm. Die Magerwiesen in den Almgebieten werden durch die Beweidung frei gehalten und nur mit Kuhdung gedüngt. Hier wachsen über zweihundert Pflanzenarten, darunter viele geschützte Alpenblumen wie der Stängellose Enzian, der Frühlingsenzian, die Mehlprimel und die Herzblättrige Kugelblume.

Geitau, Schellenbergalm. Der Blühstand Anfang Juni: Fleischrotes Knabenkraut, Braunelle, Alpenvergissmeinnicht, Gänseblümchen, Rotklee sowie Wiesenbocksbart. Die Flora der Almweidegebiete wird in Gräser, Futterkräuter, Weidegräser, Kleesorten und Unkraut eingeteilt und ist abhängig von der Bodenbeschaffenheit, dem Licht, den klimatischen Bedingungen sowie der Art der Bewirtschaftung. Den Sommer über wachsen auf der Schellenbergalm verschiedene Kleesorten wie Weideklee, Hufeisen-, Weiß-, Horn- und Bullenklee. Außerdem wertvolle Weidefutterkräuter wie Habichtskraut, Fingerkraut, Flockenblume, Thymian, Kugelblume und Alpenwegerich.

Wendelsteingebiet, Spitzingalmen. Rotwandgebiet, Obere Wallenburgalm, Obere Schönfeldalm, Untere Wallenburgalm. Die Lage und Ausrichtung der Almgebäude ist gut an die extremen Bedingungen in den Bergen angepasst, so überdauern sie oft Jahrhunderte. Wasser aus einer Quelle ist wichtig für die Bewirtschaftung, zudem eine Feuerstelle; die Gebäude verfügen über eine sogenannte Küchenhexe, einen Holzherd zum Kochen und Heizen, denn die Temperaturen können auch im Sommer stark fallen. Gebaut wurde handwerklich und mit den Naturmaterialien der nahen Umgebung: Naturstein und Holz.

Wenn Holz auf natürliche Weise gelagert und getrocknet wird, naturbelassen bleibt und nach den Prinzipien des konstruktiven Holzschutzes verbaut wird, kann es über viele Generationen halten. Oben sieht man eine Verbindung aus verputztem Mauerwerk und Holzblockbau, eine aus Natursteinen gemauerte Giebelwand, reine Holzbauten mit Blechdach, Bitumendach und mit einem durch Steine und Schneestangen gesicherten Dach aus Dachziegeln sowie ein Almgebäude, das mit von Hand gespaltenen Schindeln verkleidet wurde.

Nächste Doppelseite: Rotwandgebiet, Wildfeldalm

Familienbetriebe

Viehwirtschaft und Waldwirtschaft

Die Mehrheit der Milchbauern in diesem Buch wirtschaftet auf sich gestellt und beliefert unterschiedliche Molkereien. Neben den Mitgliedern der Käsereigenossenschaft, in der Käse und Milchprodukte hergestellt und vermarktet werden, gibt es die Bauernfamilien, die Weidefleisch direkt vermarkten. Manche organisieren sich gemeinsam mit befreundeten Betrieben, die ähnliche Ziele mit ihrer Arbeit verfolgen. Mit der Wertschöpfung der eigenen Produkte durch die Direktvermarktung können die Bauernfamilien stärker bestimmen, wie sie ihr Land bearbeiten und ihre Tiere halten möchten. So haben sich beispielsweise die Bäuerinnen und Bauern der Käsereigenossenschaft für die Heumilch- und Weidewirtschaft entschieden und kombinieren die traditionelle Art, Milchvieh zu halten, mit der maschinellen Heutrocknung. Das funktioniert innerhalb der Genossenschaft sehr gut, doch Hans Leo, Mitbegründer der Genossenschaft, möchte auch den Nutzen für die Natur anerkannt und unterstützt sehen: »In der bäuerlichen Landwirtschaft sehe ich eine Gemeinschaft, die Lösungen sucht. Das können auch Lösungen sein, die bereits da sind oder früher schon angewendet wurden. Wir Bauern entwickeln Perspektiven für den Klima- und den Artenschutz. Und dafür brauchen wir Rahmenbedingungen, die unserer Wirtschaftsweise entsprechen und sie fördern.«

Die Bauernfamilien in den Alpen haben ein besonderes Eigeninteresse an nachhaltigen landwirtschaftlichen Methoden, da sie ihre Höfe an die nächsten Generationen weitergeben möchten. Doch wenn sich junge Menschen entscheiden sollen, die elterlichen Betriebe weiterzuführen, müssen Viehhaltung und Waldwirtschaft wirtschaftlich bleiben, und die Arbeit muss gut zu bewältigen sein. In den Alpen ist das Tierwohl wichtig, doch es ist auch notwendig, dass die Menschen gute Arbeitsbedingungen haben und sich nicht selbst ausbeuten. Hans Leo, der als Bauer und gleichzeitig viele Jahre als Geschäftsführer der Käsereigenossenschaft arbeitete, sagt: »Jeder Wirtschaftsbereich muss umwelt- und sozialverträglich sein, aber für die Landwirtschaft gilt das besonders stark.«

Beinahe die Hälfte der Betriebe in dieser Region werden im Nebenerwerb geführt. Das bedeutet, die Bäuerinnen und Bauern arbeiten noch in anderen Berufen, weil sie den Lebensunterhalt der Familie nicht mit den Einnahmen aus der Landwirtschaft decken können. Es wird befürchtet, dass diese Entwicklung die Berglandwirtschaft destabilisieren wird. Doch es kann auch ein Vorteil darin liegen, wenn die Bauernfamilien mehrere Standbeine haben. Sie können flexibel auf Veränderungen von außen reagieren und sammeln in ihren zusätzlichen Berufen Erfahrungen, die sie innerhalb der Betriebe nutzen können.

Die Bäuerinnen und Bauern wissen, dass es den Tieren und der Natur gut gehen muss, damit es ihren Familien gut geht. Wenn sie die schwere Arbeit mithilfe von Technik und moderneren Verfahren vereinfachen können, die Vermarktung fair ist und der Vertragsnaturschutz langfristige Investitionen rechtfertigt, können gute Rahmenbedingungen für die Landwirtschaft in den Bergen geschaffen werden. Das ist nicht nur wichtig für die Bauernfamilien selbst, sondern für alle Menschen, die die Alpen nutzen.

In den Familienbetrieben wird nach den wirtschaftlichen Möglichkeiten entschieden, ob ein moderner Stall gebaut wird, ein Melkstand oder ein Melkroboter angeschafft wird, wie das Grünfutter konserviert werden soll und ob den Kühen die Hörner gelassen oder weggezüchtet werden. Unabhängig davon, ob die bäuerlichen Betriebe in den Alpen biozertifiziert produzieren oder sogenannt konventionell, wirtschaften sie doch alle naturnah und übernehmen viel Verantwortung für die Tiere und für die Landschaft. Die Bewirtschaftung der Höfe ist immer ein Gemeinschaftsprojekt der Familie, meistens generationenübergreifend; lange wurden diese Betriebe aufgrund ihrer Größe als unwirtschaftlich eingeschätzt. Doch wenn die Landschaften in den Bayerischen Alpen so erhalten bleiben sollen, wie sie sich heute zeigen, lohnt es sich, diese »langsame« Art der Landwirtschaft als Gewinn zu betrachten. Und auch, wenn über die Klimaerwärmung, gesunde Lebensmittel und Tierwohl verhandelt wird.

Die Höfe

Die Auswahl der Höfe in diesem Buch repräsentiert annähernd die Gesamtheit der Höfe, die in der Schlierseer und Tegernseer Bergregion wirtschaften. Wichtig war mir, unterschiedliche Bewirtschaftungskonzepte zu zeigen und Betriebe vorzustellen, die in der Direktvermarktung initiativ sind. Alle Höfe im Miesbacher Land bestehen seit vielen Jahrhunderten. Während die Hofnamen aus der Gründungszeit stammen und selten verändert werden, ändern sich die Besitzverhältnisse und die Familiennamen der Hofbesitzer. Die meisten Betriebe sind seit einigen Generationen in Familienbesitz, zwei der Betriebe sind Pachtbetriebe. Alle Betriebe betreiben sowohl Vieh- als auch Waldwirtschaft.

Die Familie Maier in Ellmau treibt den Sommer über ihr Vieh auf zwei Almen in der Valepp und produziert Käse, den sie selbst vermarktet. Als einer der wenigen Haupterwerbsbetriebe in Rottach-Egern halten die Maiers noch Milchvieh auf der Alm. Ein Schwerpunkt ihres Betriebes ist die Zucht, ein weiterer sind die Kutschfahrten mit den Süddeutschen Kaltblütern.

Maria Gerold hat gerade die Landwirtschaftsschule abgeschlossen, sie arbeitet mit ihrer Familie auf dem Rixnerhof in Fischhausen, den sie später übernehmen möchte. Die Familie Gerold betreibt zusätzlich zur Milchwirtschaft einen Baggerbetrieb und bietet Ferien auf dem Bauernhof an.

In Kreuth bewirtschaftet Hans Leo mit seiner Familie den Hazihof, den er von seinem Onkel gepachtet hat. Vor einigen Jahren hat Leo mit einigen Bauern die Käsereigenossenschaft TegernseerTal eG gegründet, um nachhaltig wirtschaften und die eigene Milch besser vermarkten zu können.

Von Fischhausen aus treibt die Familie Leitner ihr Vieh auf die Ankelalm, die in einem Talkessel unterhalb der Brecherspitz liegt. Die Almerin Christine Hitzelsperger hütet es den Sommer über auf der Alm, mittlerweile zum siebten Mal. Auf ihrem Hof in Fischhausen, dem Ehardhof, bieten die Leitners Urlaub auf dem Bauernhof an.

Die Familie Stadler in Reitrain hat die Arbeit auf dem bereits aufgelassenen elterlichen Gschwandlerhof wieder aufgenommen, und produziert und vermarktet hochwertiges Weidefleisch an Privatkunden und Gastronomen.

Ebenso wie Anna-Maria und Andreas Liedschreiber in Gmund. Neben der Edelbrand-Destillerie, die sie betreiben, züchtet die Familie Limousin Rinder in Mutterkuhhaltung. Den Sommer über weidet das Vieh in einem Almgebiet in der Valepp.

Marlene und Martin Hirtreiter haben gerade den elterlichen Biobetrieb am Schliersee, auf dem den Feriengästen selbst produzierte Lebensmittel angeboten werden können, übernommen. In Neuhaus betreibt Martin Hirtreiter zudem eine Zimmerei.

Im Leitzachtal haben Burgi und Hans Estner, nachdem sie einen neuen Laufstall gebaut haben, ihre Milchproduktion auf Bio umgestellt. Hans Estner nutzt seine Maschinen auch für den Winterdienst im Spitzinggebiet und betreibt eine Holzvergasungsanlage. Außerdem werden am Hof Ferienwohnungen angeboten.

Die Familie Stürzer in Wall lädt Schulklassen auf ihren Hof ein, um Kindern ihre Arbeit zu zeigen und darüber zu sprechen, wie sich die Menschen verhalten können, damit das Zusammenleben zwischen ihnen und den Nutztieren gut funktioniert. Auf dem Hof wird mutterkuhgebundene Milchviehhaltung praktiziert. Und es gibt eine Direktvermarktung für Weidefleisch.

Am Tegernsee hat die Familie Bogner einen historischen Hof gepachtet. Die Bogners bauen Gemüse an, versorgen Jungvieh in Pensionshaltung, halten Hühner und Schweine, verkaufen selbst gebackenes Brot im eigenen Hofladen und

Bayrischzell, Osterhofen, Einfirsthof

Vorausgehende Doppelseite, links: Fischhausen. Diese Herde Tiroler Grauvieh wird in Mutterkuhhaltung und mit einem Stier gehalten. Die Linde galt früher als Symbol für den freien Bauernstand, ihre Blüten standen für Fruchtbarkeit und werden bis heute als Heilmittel eingesetzt. Im Mittelalter wurde unter einer Linde Gericht gehalten, deshalb nannte man sie auch »Verhandlungsbaum«. Aus dem weichen Holz lassen sich Statuen schnitzen. Honigbienen und auch viele weitere Insektenarten bevorzugen Linden und sammeln Nektar, Pollen und Honigtau.

Geitau, Baumgarten

organisieren Seminare, in denen sie über die von ihnen praktizierte Permakultur berichten.

Die Familie Kandlinger hat in Laufnähe zu ihrem Hof in Kreuth im letzten Jahr einen neuen Laufstall gebaut. Neben der Milch, mit der sie die Naturkäserei in Kreuth beliefern, betreiben die Kandlingers einen Skilift und bieten Gästewohnungen an.

Der »Bauer in Gschwend« liegt als Einödhof im Leitzachtal. Zum Hof gehört die Großtiefentalalm unterhalb der Rotwand, wo das Jungvieh der Familie Schönauer sowie eine Herde Schafe den Sommer verbringt.

Die Familie Willerer in Dorf bei Bayrischzell hält Milchvieh, Schafe, Ziegen, Bienen und pflegt zwei Almgebiete, die zu den Soinalmen und den Spitzingalmen gehören.

Hörnerkühe und hornlose Kühe

In der Region um Miesbach wird zum großen Teil Miesbacher Fleckvieh gehalten, das hier seit dem frühen 19. Jahrhundert gezüchtet wird. Diese Rasse, die sich gut für die Milchwirtschaft eignet, geht auf das Simmentaler Fleckvieh aus dem Berner Oberland zurück. Über ein Viertel der Rinder in Deutschland sind Miesbacher Fleckvieh. Seit einigen Jahren sieht man im Landkreis auch wieder sogenannte »alte Rassen« wie Tiroler Grauvieh, Murnau-Werdenfelser Rinder, Pinzgauer und sogar französische Limousin Rinder. Das entspricht einer Tendenz, die arbeitsintensive Milchwirtschaft zugunsten der Jungviehaufzucht aufzugeben. Die alten Rassen eignen sich gut für die Mutterkuhhaltung. Noch vor zehn Jahren bildete diese Haltungsform, die bis in die 1970er-Jahre traditionell praktiziert wurde und dann verschwand, eine Ausnahme. Dabei ist es die einfachste und natürlichste Form, Kälber zur Fleischgewinnung aufzuziehen.

»Wenn sich das Horn nicht warm anfühlt, ist die Kuh krank, dann weiß ich sofort, es stimmt etwas nicht«, erklärt mir die Bäuerin Marina Stürzer. Noch vor wenigen Jahren gab es den Ausdruck »Hörndlkühe« nicht im Miesbacher Land, denn jede Kuh hatte Hörner. Heute gebraucht man diese Beschreibung, weil es auch hier nicht mehr selbstverständlich ist, den Kühen ihre Hörner zu lassen. Sie werden weggezüchtet oder entfernt, denn auf dem Kälbermarkt ist ein Kalb mit Hörnern weniger wert. Viele Bauern in dieser Region halten trotzdem weiter Kühe mit Hörnern, weil sie davon überzeugt sind, dass die Hörner zur Kuh gehören. Doch gleichzeitig müssen sie sich um einen neuen Absatzmarkt bemühen. Andere Bäuerinnen und Bauern verzichten bewusst auf die Hörner, weil es in ihrem Stall nicht genügend Platz gibt für eine Herde mit Hörnern, oder weil die Herde insgesamt größer ist. Wie in allen anderen Bereichen der Viehwirtschaft müssen die Bäuerinnen und Bauern auch in dieser Frage abwägen, wie sie wirtschaftlich arbeiten und welchen Aufgaben sie gerecht werden können.

Das Futter: Heu und Silage

Im Mangfallgebirge werden nur so viele Rinder gehalten, wie mit den Erträgen vom eigenen Grünland gefüttert werden können. Zugekauft wird meist nur das Kraftfutter sowie Stroh zum Einstreuen, da Getreide in dieser niederschlagsreichen Region nicht gut wächst. Das ausgewogene Verhältnis von landwirtschaftlicher Nutzfläche und der Anzahl der Rinder nennt man »extensive Landwirtschaft«. Aber die Bauernfamilien ergreifen auch hier Maßnahmen, um den Boden intensiv zu bearbeiten und die Grasernte zu erhöhen.

Ein wesentlicher Teil der Arbeit auf den Höfen ist das Haltbarmachen von Grünfutter. In den niederschlagsintensiven Alpen ist es nicht immer einfach, Heu zu trocknen, und es braucht ausreichend große Scheunen, um Heu trocken lagern zu können. Die traditionelle Heuwirtschaft wird heute mit Trocknungsanlagen erleichtert und vor allem in der Biomilchproduktion angewendet. Die meisten Bauernfamilien füttern zusätzlich zum Heu Silage. Dafür wird das frisch geschnittene Gras zu Ballen gepresst, luftdicht in Plastikfolie eingewickelt und auf diese Weise fermentiert. Die Ballen lassen sich im Freien lagern und benötigen keinen Heuboden. Silage kann witterungsunabhängiger produziert werden als Heu und ist weniger kostenintensiv, denn das Gras muss nicht gewendet werden.

Neben der Silagefütterung hat sich auch die reine Fütterung mit Heu erhalten, dessen Energiegehalt und Lagerfähigkeit durch den Einsatz von Trockenanlagen verbessert wird. Getreide wird vor allem bei Kühen zugefüttert, um den Milchertrag zu steigern, und in den kalten Monaten, wenn das Vieh nicht auf die Weide kommt.

Viehwirtschaft und Almwirtschaft

Der Bauer Toni Maier erzählte mir, dass seine Töchter von klein auf gelernt haben einzuschätzen, wohin die Tiere gehen möchten, und sie deshalb gut treiben können, selbst über eine weite Strecke von der Alm bis zum Hof. Beim Treiben muss man die ganze Herde im Blick haben und jedes einzelne Tier gut kennen, es ist ein wichtiger Teil der bäuerlichen Arbeit.

In der Almwirtschaft entsteht den Sommer über ein enges Verhältnis zwischen den Menschen und den Tieren. Diese Verbindung beeinflusst die Viehwirtschaft auf den Höfen. Denn auch im Tal müssen die Tiere auf den Weiden umgetrieben oder zum Melken in den Stall geholt und später wieder hinausgetrieben werden. Leichter ist das für die Bäuerinnen und Bauern, wenn die Tiere gut daran gewöhnt sind.

Zu fast allen Höfen in diesem Buch gehört eine eigene Alm. In Oberbayern sind zwei Drittel der Almen in Besitz der Landwirtschaftsbetriebe, aber es gibt auch Berechtigungsalmen, Genossenschaftsalmen und Staatsalmen. Mitunter nutzen mehrere Familienbetriebe ein Almweidegebiet gemeinsam – wie zum Beispiel das Gebiet der Ankelalm an der Brecherspitz.

Die Almweidegebiete sind den Bauernfamilien »heilig« und werden fast nie veräußert. In den Tälern des Mangfallgebirges verfügen die Höfe nur über begrenzte Grünlandflächen. Wenn das Jungvieh auf die Alm gebracht wird, kann im Tal mehr Gras für die Winterfütterung eingelagert werden. Bis in die 1970er-Jahre wurden in dieser Region noch Milchkühe auf die Almen getrieben und die Frischmilch von Sennerinnen und Sennern zu Käse verarbeitet. Doch inzwischen bleiben die Kühe mit wenigen Ausnahmen, wie bei der Familie Maier, am Hof, wo ihre Milch von den Molkereifahrzeugen eingesammelt wird.

Für die Bauernfamilien ist die Bewirtschaftung der weit vom Hof entfernten Almweidegebiete aufwendig. Die Gebäude müssen vorbereitet werden für die Almsaison, das Almpersonal mit Material versorgt und das Vieh herauf- und im September wieder heruntergebracht werden. Dennoch bleibt die Almwirtschaft ein wichtiger wirtschaftlicher Faktor für die Betriebe. Der Futterertrag, der dadurch zusätzlich am Hof geerntet werden kann, beträgt bis zu ein Drittel der Gesamtfuttermenge, den die Tiere den Winter über benötigen. Zudem werden für die Rinder und Schafe, die in den Bergen gehalten werden, Weideprämien gezahlt. Und auch die Tiere profitieren von ihrem Aufenthalt auf der Alm. Sie werden trittsicher, entwickeln einen guten Körperbau und genießen ihre Freiheit. Tiere, die auf der Alm aufwachsen dürfen, sind gesünder und erzielen bessere Preise. Sie können sich gut bewegen, werden in ihren Herden besser sozialisiert und später gern in der Zucht eingesetzt.

Weidehaltung, Laufställe, Kombinationshaltung

Im Miesbacher Oberland verfügen die Betriebe über ungefähr einen Hektar Land für jede Milchkuh. Einen Laufstall mit den Möglichkeiten des zusätzlichen Weidegangs haben fast die Hälfte der Bauernhöfe. Die andere Hälfte der Betriebe praktiziert die sogenannte »Kombinationshaltung«: In der kalten Jahreszeit werden die Tiere, sofern kein Laufstall zur Verfügung steht, sondern nur der Stall des Hofgebäudes genutzt werden kann, angebunden, daher stammt die Bezeichnung »Anbindehaltung«. Von Mai bis in den November hinein kommen die Tiere dann, je nach den Witterungsbedingungen, auf die Weide, also in »Weidehaltung«. Laut dem Amt für Ernährung, Landwirtschaft und Forsten halten fünf Prozent der Betriebe ihr Vieh noch in ganzjähriger Anbindehaltung, deren Verbot bis zum Jahr 2030 durchgesetzt werden soll.

Die Weidehaltung ist traditionell üblich in dieser Region und gehört zum Selbstverständnis der Bäuerinnen und Bauern. Viele Milchkühe verbringen bis zu zweihundert Tage im Jahr auf der Weide. Das Jungvieh wird auf die Almen gebracht, und die ganz jungen Kälber haben ihren Auslauf auf den Streuobstwiesen neben den Höfen. Für alle Haltungsformen gilt, dass die Tiere gut betreut werden müssen. Das ist bei kleinen Herden oft einfacher zu gewährleisten, unabhängig davon, ob Rinder angebunden gehalten werden oder in einem großen Laufstall. Besondere Bedingungen gelten, wenn sich die Betriebe entschließen, biozertifiziert zu wirtschaften. Das bedeutet mitunter, dass sie ihre alten Ställe langfristig nicht mehr nutzen können, weil der vorhandene Platz im Stall nicht den Bedingungen der Zertifizierung entspricht und für den Winter ein Freilauf eingerichtet werden muss. Die Weidehaltung dagegen ist auch in den Biorichtlinien, außer denen von Demeter, nicht geregelt. Hier entscheiden alle Bauernfamilien selbst, wie sie sie umsetzen. Wie viel Platz und Grünland das Vieh benötigt, und wie man dafür sorgt, dass es ihm so gut wie möglich geht, ist in den Betrieben, die ich besucht habe, ein zentrales Thema.

Auf einigen Höfen in der Region wird Pensionsvieh gehalten, das bedeutet, dass Jungvieh für andere Höfe versorgt wird. Zwei der Betriebe, die im Buch vorgestellt werden, betreiben Viehhaltung zur reinen Fleischgewinnung. In einem Betrieb werden Stierkälber aufgezogen, die in der Milchwirtschaft sozusagen »übrig« bleiben. Denn Kühe müssen, um Milch geben zu können, jährlich ein Kalb bekommen. In einem weiteren Betrieb wird mutterkuhgebundene Milchviehhaltung praktiziert. Alle Betriebe in diesem Buch versorgen relativ kleine Herden in Weidehaltung. Drei der Bauernfamilien haben moderne Laufställe gebaut und nutzen die Ställe in den historischen Hofgebäuden meist nur noch für das Jungvieh. Über ein Drittel der Betriebe im Buch sind ökologisch zertifiziert, das entspricht dem Anteil im gesamten Miesbacher Oberland und ist dreimal höher als der bundesweite Anteil biologisch wirtschaftender Höfe.

Um eine Herde zu halten und zu verstehen, wie sie funktioniert, müssen die Bäuerinnen und Bauern jede Kuh kennen und wissen, welchen Rang sie innehat. Eine ranghöhere Kuh wird zuerst fressen und trinken. Die rangniedrigere lässt sie vorbei. Die Rangfolge wird von den Kühen selbst ausgefochten, maßgebend ist deren Stärke und Durchsetzungskraft. Wenn die Rangfolge nicht ganz klar ist, legen zwei Tiere die Köpfe aneinander und drücken. Das kann man vor allem sehen, wenn die Tiere im Frühjahr zum ersten Mal wieder auf der Weide sind. Wenn ein Tier die Herde verlässt, hat das Einfluss auf die gesamte Herde. Ebenso, wenn junge Tiere dazukommen. Jungtiere, die von der Alm kommen und sich schon kennen, haben es gemeinsam leichter, innerhalb der Herde ihren Platz zu finden, und lassen sich nicht so leicht abdrängen, aber in der Rangordnung stehen sie zunächst unten. Ältere und große Kühe lassen sich weniger leicht beeindrucken. Wenn die Kühe in einen neu angeschafften Laufstall kommen, ändern sich die Bedingungen für die Herde. Die bisherigen Rangfolgen können sich verändern, und selbst die Bauernfamilien müssen neu lernen, wie sich die Herde aufstellt. Und auch in den unterschiedlichen Jahreszeiten wechseln die Bedingungen immer wieder, je nachdem, wie viel Auslauf die Tiere haben und wann die Kälber geboren werden.

Eher selten werden auch Stiere gemeinsam mit den Kühen gehalten, die für Ordnung innerhalb der Herde sorgen können. Sie bleiben jedoch nur so lange in der Herde, bis sie ungefähr vier Jahre alt sind, denn dann hören sie nicht mehr unbedingt auf die Menschen.

Bergwaldwirtschaft

»Der Wald ist das Gold der Bauern«, heißt es. Bis zu einem Drittel ihres Einkommens erzielen die Bauernfamilien in dieser Region mit der Waldwirtschaft. Zu den Höfen gehören sehr unterschiedlich große Waldflächen. Wenn sie über zwanzig Hektar groß sind, ist der wirtschaftliche Faktor tragend. Mit den Gewinnen aus dem Holz- und Brennholzverkauf können die Höfe Schwankungen der betriebswirtschaftlichen Einnahmen auffangen und verfügen über eigenen Brennstoff. Ein Betrieb, der im Buch aufgeführt ist, betreibt sogar eine eigene Holzvergasungsanlage. Im Miesbacher Oberland ist über die Hälfte der Region bewaldet, der Anteil der privaten Waldflächen ist genauso groß wie der Staatswald. Im Bergwald des Mangfallgebirges stehen überwiegend Fichten, aber es gedeihen dort auch Laubbäume wie Buchen, Bergahorn und Eschen. Der Zuwachs von Fichten ist besonders hoch, auch deshalb ist die Waldwirtschaft in dieser Region wirtschaftlich lohnend. Dennoch werden inzwischen weniger Fichten gepflanzt, da sie Trockenperioden nicht so gut überstehen können.

Die Waldarbeit ist für die Bauern eine willkommene Abwechslung zur Arbeit mit dem Vieh, und, weil sie schwer und nicht ungefährlich ist, ausschließlich Sache der Männer.

Osterhofen, Kuttenraingraben

Nächste Seite: Geitau, Heubergalm

Für die Jungen ist Forstwirtschaft ein angesehener Ausbildungsweg und artverwandt mit der landwirtschaftlichen Ausbildung. Früher wurde vor allem im Winter Holz geerntet, weil die Stämme dann wenig Wasser eingelagert haben und der Abtransport leichter ist. Es gibt Zimmerer und Schreiner, die zudem gern mondgeschlagenes Holz verwenden, das heißt Holz von Bäumen, die in einer bestimmten Mondphase gefällt wurden. Mit dem Einsatz von großen Maschinen oder der Vergabe an Subunternehmen wird inzwischen das ganze Jahr über Holz geerntet. Entscheidend ist heute eher, wie hoch der Holzpreis ist. Genutzt wird das Holz im Hausbau, für Holzprodukte, zur Energiegewinnung und als Brennholz, das sich regional vermarkten lässt.

In der Bergwaldwirtschaft gilt es genau wie in der Landwirtschaft und dem Naturschutz, unterschiedliche Interessen und Nutzungsweisen so zu verbinden, dass die Natur profitiert. Denn gesunde Bergwälder schützen vor Hochwasser, Hangrutschungen und Lawinen. Sie bilden wertvolle Natur- und Erholungsräume für die Menschen und Lebensräume für viele Tiere und Pflanzen. Der nachwachsende Rohstoff Holz kann hier nachhaltig und naturnah produziert werden. Die Bayerische Landesanstalt für Wald und Forstwirtschaft hat untersucht, wie sich die Funktionen der Bergwälder verändert haben. Bis vor ungefähr einhundert Jahren wurden diese Wälder viel intensiver als heute genutzt, danach dienten sie nicht mehr so stark der Existenzsicherung der Waldbesitzer. Die Bergwälder sind so, wie wir sie vorfinden, immer noch durch die über Jahrhunderte andauernde Nutzung geprägt. Doch heute werden in der Forstwirtschaft neben der Holzproduktion vor allem die Schutzfunktionen und die Funktion des Bergwaldes als Erholungsraum unterstützt. Zudem muss die Anpassung der Bergwälder an die sich verändernden klimatischen Bedingungen beachtet werden.

Perspektiven

»Die deutsche Bundesregierung kann dazu beitragen, dass die EU-Agrarpolitik eine natur- und umweltfreundlichere Landwirtschaft fördert und somit zu einer flächendeckenden Verbesserung der Biodiversität beiträgt. Doch dazu muss sie sich für Änderungen bei der Reform der Gemeinsamen Agrarpolitik einsetzen«[4], formuliert es der Agrar-Atlas der Heinrich-Böll-Stiftung, des Bundes für Umwelt und Naturschutz und Le Monde Diplomatique. Die Agrar-Politik soll »Umwelt und Klima schützen, die Artenvielfalt erhalten, das Tierwohl verbessern und kleine und mittlere Betriebe fördern.«[5] Die Bestimmungen, die für die Landwirtschaft in den Bayerischen Alpen und im Mangfallgebirge gelten, werden vom Freistaat Bayern, vom Bund und von der EU formuliert. Betriebe, die kleinräumig wirtschaften, werden in Europa weniger bezuschusst als solche mit großen Flächen. Durch die Erwerbskombination haben sie einen hohen bürokratischen Aufwand in der Betriebsführung, obwohl es ihrem eigenen Erhalt dient. In den Bergregionen herrschen zudem oft spezielle Bedingungen, die in der Politik und in den Förderrichtlinien berücksichtigt werden müssten.

Doch nicht nur die Politik schafft die Rahmenbedingungen für die bäuerliche Landwirtschaft in den Alpen, sondern auch die Gesellschaft. Viele Menschen sprechen sich für den Erhalt kleiner Landwirtschaftsbetriebe und für das Tierwohl aus, aber wenige nutzen beispielsweise das Potenzial der bäuerlichen Vermarktung. Dass in der Regionalvermarktung und der Direktvermarktung Lebensmittel ihrem Wert angemessen gehandelt werden und die Betriebe die Gewinne reinvestieren können, bedenken viele Verbraucher nicht, weil es an sichtbaren, konkreten Informationen über die Betriebe und deren Arbeitsweisen mangelt. Im Miesbacher Oberland informiert eine Standortmarketing Gesellschaft (SMG) über die Direktvermarktung und führt die »Staatlich anerkannte Öko-Modellregion«, die vom Bayerischen Staatsministerium für Ernährung, Landwirtschaft und Forsten gefördert sowie durch die siebzehn Gemeinden des Landkreises und den Landkreis finanziert wird. Die SMG und die Öko-Modellregion setzen sich für die Steigerung von Wertschöpfungsketten ein. Doch die Informationen, die zur Verfügung stehen, müssen breit gestreut und auch genutzt werden. Von den Gemeinden, von den Verbrauchern und auch von den Bäuerinnen und Bauern. Ähnlich, wie es bei der Vermarktung vom »Urlaub auf dem Bauernhof« bereits praktiziert wird. Für die bäuerlichen Betriebe ist es eine zusätzliche und berufsfremde Aufgabe, über die eigene Arbeit zu informieren. Besser funktioniert das, wenn sich Bäuerinnen und Bauern zusammenschließen und ihre Ziele gemeinsam formulieren. Wie beispielsweise bei den Initiativen »Biokalb-Oberland« und »Oberland Bio-Weiderind« und der Käsereigenossenschaft in Kreuth.

Für die Verbraucher ist es wichtig zu erfahren, wie aufwendig Weidehaltung ist, damit sie bereit sind, einen angemessenen Preis für diese Milch zu bezahlen. Es muss vermittelt werden, wie Weidemilch und Weidefleisch schmecken, und dass in den Bergen auch die Betriebe, die nicht biozertifiziert sind, nachhaltig produzieren. Von einer Sensibilisierung der Menschen für die bäuerliche Landwirtschaft und die Natur würde auch der Tourismus profitieren, vor allem der sanfte Tourismus. In der Tourismuswerbung für die Alpenregion könnte deutlicher gemacht werden, wie sehr die Kulturlandschaft von der bäuerlichen Bewirtschaftung abhängt. Und es wäre zu überlegen, wie Betriebe direkt von einem wachsenden touristischen Aufkommen profitieren können. Immerhin schaffen sie mit ihrer Arbeit die Voraussetzungen für den Tourismus.

»Bergbauern sollen für Landschaftspflegemaßnahmen und Naturschutzbeiträge gerecht entlohnt werden«, fordert der Bund Naturschutz. Es ist gut, dass die Natur und die Land-

Fischhausen, Leonhardikapelle. In der Wallfahrtskapelle hängen Votivbilder mit St. Leonhard, dem Schutzpatron des Viehs und besonders der Pferde. Die Bauernfamilien erhoffen sich von ihm Schutz vor Unwetter und anderem Unglück und bitten ihn um christlichen Beistand. Noch heute führt um den 6. November herum eine Wallfahrt mit Pferden von Schliersee nach Fischhausen und eine weitere durch Kreuth.

Wall. Den Hairerhof ziert die Hl. Margarethe mit dem Drachen. Sie ist die Patronin der Landleute, die mit der Kraft des Kreuzes das Böse besiegt hat. Der Margarethentag bezeichnete im bäuerlichen Jahr den Beginn der Ernte und die Erledigung der Pacht- und Getreidezinsen. Der Hl. Papst Gregor wird hier mit Taube gezeigt. Er ist der Patron der Gelehrten, Lehrer, Schüler und Studenten.

wirtschaft in den Alpen heute zusammen betrachtet werden. Wenn die Leistungen der Bauernfamilien, die sie mit ihrer Art der Landwirtschaft für die Bergregionen erbringen, anerkannt werden, werden die Betriebe gestärkt.

Um gut umgesetzt werden zu können, sollten diese Maßnahmen und auch die Förderrichtlinien regional gestaltet sowie mit den Bäuerinnen und Bauern abgestimmt werden, denn die wissen besonders gut, wie sich die unterschiedlichen Biotope in ihrer Landschaft entwickeln können.

Die Weidehaltung von Milchkühen und die Almwirtschaft sind untrennbar mit der alpinen Kulturlandschaft verbunden und typisch für die bäuerliche Landwirtschaft. Es ist wahrscheinlich, dass es zukünftig mehr Betriebe geben wird, die sich auf die Jungviehaufzucht spezialisieren. Dafür eignet sich die Mutterkuhhaltung. Doch auch die Milchwirtschaft gehört zur bäuerlichen Identität in den Alpen, und die Milch, die hier produziert wird, ist besonders hochwertig.

In Zukunft werden sich die Betriebe, die Milchwirtschaft betreiben, Laufställe und moderne Melkanlagen anschaffen. Die nächste Generation der Bäuerinnen und Bauern wird ihre Arbeit stärker automatisieren und selbst gestalten. Meistens sind neue Ställe und Anlagen auf größere Viehbestände ausgelegt, als die Höfe in dieser Region halten können. Es gilt also, zeitgemäße Stall- und Betriebskonzepte für die kleinräumige Landwirtschaft in den Alpen mit den entsprechenden Förderrichtlinien zu unterstützen. Eine Automatisierung in der Milchviehhaltung muss sich auch für Betriebe mit einer Herdengröße von bis zu dreißig Kühen lohnen, sonst wird in den Bergen zukünftig nur noch Jungvieh aufgezogen, oder die Betriebe werden so stark vergrößert, dass die Handarbeit von allein wegfällt und damit möglicherweise auch das zeitintensive Treiben der Milchkühe und deren Weidegang. Denn große Herden zwischen den Weiden hin- und herzutreiben – oder sogar über Straßen und Bahnübergänge –, ist schwierig. Wenn in der Milchviehhaltung beispielsweise durch einen Melkroboter und durch Futterförderbänder weniger Arbeit anfällt, bleibt mehr Energie für weitere betriebliche Maßnahmen oder für ergänzende Berufe. Junge Bäuerinnen und Bauern haben mir erzählt, dass es ein Anreiz zur Übernahme der Höfe sein kann, wenn die Familienmitglieder nebenher noch in anderen Berufen arbeiten können. Die Höfe im Mangfallgebirge werden zukünftig vermutlich öfter im Nebenerwerb geführt werden.

Inzwischen absolvieren immer mehr junge Frauen eine landwirtschaftliche Ausbildung und werden so auch konkreter bestimmen, wie sich die Betriebe wirtschaftlich ausrichten. Es ist möglich, dass die Anschaffung von technischen Hilfsmitteln stärker in Erwägung gezogen wird, weil sich Frauen dann leichter einbringen können, weil die Arbeit dann nicht mehr so umfassend den Alltag bestimmt und mehr Zeit mit der Familie verbracht und auch mal verreist werden kann.

Die Betriebe im Mangfallgebirge sind geprägt von Familien- und Dorfgemeinschaften. Deren Werte werden sich mit den zukünftigen Generationen verändern, was bedeuten kann, dass Innovationen stärker begrüßt werden, wenn sie dem Erhalt der Höfe dienen. So wurde die Umstellung auf Bio vor einigen Jahren noch skeptisch betrachtet, heute ist sie eine normale betriebswirtschaftliche Entscheidung, ähnlich der Mutterkuhhaltung und der damit verbundenen Anschaffung von alten Rassen. Zu den Höfen in dieser Region gehört ein starker Familienverbund, die Weidewirtschaft und die Almwirtschaft. Alle Bäuerinnen und Bauern, mit denen ich gesprochen habe, arbeiten gern innerhalb der Familie, mögen es, mit der Natur zu wirtschaften und schätzen die Selbstbestimmung, die ein eigener Hof mit sich bringt. Als schwierig wurde nur die Unsicherheit bei langfristigen Investitionen beschrieben und die harte körperliche Arbeit in der nicht automatisierten Milchviehhaltung.

In den Bergen darf die Landwirtschaft nicht zu intensiv betrieben werden, um naturnah zu bleiben; und sie darf nicht zu extensiv sein, da sonst die Almböden und Talflächen mit ihrer Artenvielfalt verschwinden würden. Die Kulturlandschaft der Alpen profitiert von einem ausgewogenen Verhältnis aus Landwirtschaft, Landschaftspflege und Naturschutzmaßnahmen und von den Betrieben, die sie kleinräumig bewirtschaften.

Im Mangfallgebirge gelten zum Teil andere Voraussetzungen für die Landwirtschaft als in anderen Gebirgsregionen der Bayerischen Alpen, weil es eine ausgeprägtere Infrastruktur gibt als in entlegeneren Gebieten und eine andere Geschichte. Jede Region in den Bayerischen Alpen ist speziell, und sogar in den einzelnen Regionen gibt es noch unterschiedliche Bedingungen. Doch es macht die Kulturlandschaft der Alpen aus, dass sie sich immer wieder anders darstellt, oft schon in nahe beieinander liegenden Tälern oder im nächsten Dorf.

Rotwandgebiet: Kleintiefentalalm, Obere Wallenburgalm

Geitau. Ostin. Die Weideflächen werden den Sommer über so eingeteilt, dass das Grünfutter partiell abgeweidet werden und wieder nachwachsen kann. Um das Vieh umzutreiben, reichen provisorische Abgrenzungen. Die Tiere sind von klein auf daran gewöhnt, auch durch ihren Aufenthalt auf den Almen. Im Mangfallgebirge wird überwiegend Miesbacher Fleckvieh gehalten, eine Mischnutzungsrasse, die Milch und Fleisch liefert. Ab Mai werden die Milchkühe auf die Grünflächen in der Nähe der Höfe getrieben. Wenn die Weide nicht direkt vom Stall aus zugänglich ist, kostet das viel Arbeitszeit: Zweimal täglich müssen die Tiere in den Stall zum Melken hinein und wieder rausgetrieben werden. Das Tempo bestimmen dabei die Kühe. Die Weidehaltung sorgt für eine naturnahe Bodenstruktur und für Wachstumsimpulse bei den Pflanzen, wodurch eine permanente Nachsaat entfällt. Kühe können das Eiweiß und die Energie von Futterpflanzen direkt verwerten. Je höher der Artenreichtum im Futter ist, desto besser ist das Aroma ihrer Milch und der Geschmack des Fleischs. Die Weidehaltung ist an die Jahreszeiten angepasst, sie ist artgerecht und fördert die Biodiversität.

Grosser Traithen
Rotwandgebiet
Wallberg

Rotwandgebiet, aufgelassenes Almweidegebiet
Pfenniggraben, Portnersalm

Rotwandgebiet. Wallberg, Pfenniggraben. Beim Fressen bewegen sich Kühe möglichst parallel zum Hang, ihre Mägen würden sonst zu sehr aufeinandergedrückt. Dabei folgen sie jedes Jahr denselben, regelmäßigen Spuren und formen sogenannte »Kuhgangeln« – terrassenartige Pfade, die von weither sichtbare Strukturen in der Grasnarbe bilden. Wird die Humusschicht durch so eine ausreichend extensive Beweidung nur mäßig verdichtet, verringert sich die Gefahr in den Hanglagen, dass bei Wasserüberschuss Boden abrutscht.

Im Rotwandgebiet wird mit Almwarnschildern und Rangern vor Ort versucht, Freizeitsportlerinnen und Freizeitsportler über die Wegenutzung aufzuklären. Der Bergtourismus ist nicht immer einfach mit der Almwirtschaft zu vereinbaren. Für richtigen Unmut bei den Bergbäuerinnen und -bauern sorgt jedoch der Schutzstatus des Wolfs. Im Mangfallgebirge wurden bereits viele Schafe gerissen. An der nahe gelegenen Kümpflalm wurde vor einigen Jahren ein Bär getötet, der heute ausgestopft in einem Münchner Museum steht.

Die weißen Bergschafe gehören zur Wildfeldalm und werden erst einige Wochen nach dem Jungvieh ins Tal geholt. Schafe nutzen die für Rinder unzugänglichen Hochlagen und beschützen ihre Lämmer hingebungsvoll. Die Wildfeldalm gehört zu den wenigen Almen im Mangfallgebirge, die über 1600 m ü. NHN liegen. »Wild« bedeutete früher »abgelegen«. Noch im 19. Jahrhundert wurde das Almgebiet hauptsächlich zum Jagen genutzt. Heute führt hier einer der touristisch meistgenutzten Wege im Mangfallgebirge hinauf zum Rotwandhaus. Für den Schafabtrieb werden Hänger benutzt.

Vorausgehende Doppelseite: Mitte November kann es durch den Föhn noch einmal richtig warm werden. Nun gibt es unterhalb der Rotwand nicht mehr viel Gras. Das Mangfallgebirge bildet den für die Mitte der Bayerischen Alpen typischen Kettengebirgscharakter mit Ost-West ausgerichteten Kammverläufen und Tälern.

Hazi

Kreuth, Pförn Familie Leo

Hans Leo: Unser Stier ist der Sohn einer unserer besten Kühe, Adele. Ich wollte, dass unsere Tiere wieder ein bisschen kleiner werden, wendiger, unkomplizierter. Deshalb haben wir sie von einem Pinzgauer decken lassen. Das reine Miesbacher Fleckvieh hat einen großen Rahmen, ist stattlich und auch empfindlicher. Unsere Kühe behalten wir lange; auch wenn sie einen Sommer mal nicht so viel Milch geben oder kein Kalb bekommen, ist das in Ordnung. Das kann sich auch wieder verändern. Damit fühlen wir uns wohler, denn uns bedeuten die Tiere viel. Auf biologisch haben wir vor einundzwanzig Jahren umgestellt, das funktioniert gut für uns. Es ist wichtig, dass man nicht immer alles maximiert und perfektioniert. Wir Bauern übernehmen viel Verantwortung. Dieser Hof besteht schon so lange, weil immer jemand die Verantwortung übernommen hat. Für die Tiere, den Grund, die Familie, die Arbeit. Landwirtschaft heißt vor allem, Verantwortung zu übernehmen. Wie wir arbeiten, ist auch für die Generationen nach uns wichtig. Wenn wir das nicht beachten und hören dann mit dem Betrieb auf, ist das Land danach nicht mehr zu gebrauchen. Dann ist unsere Arbeit nutzlos gewesen und sogar schädlich.

In der Käserei war für mich der Umgang mit den Mitarbeitern besonders wichtig, auch, dass da keiner über dem anderen steht. Und jeder respektiert wird. Gute Arbeit ist nicht selbstverständlich. Es geht um Lebensmittel. Die können nur gut schmecken, wenn sich die Leute, die sie herstellen, wohlfühlen bei der Arbeit. Als unser Sohn in die Schule kam, hat es angefangen mit der Käserei, und ich hab dort angeschoben, in der ganzen Zeit, bis der Hansi fertig war mit der Ausbildung. Da habe ich manchmal nicht viel von ihm mitgekriegt. Aber ich hatte das Gefühl: In die Käserei muss ich meine ganze Energie reinstecken, sonst wird's nix. Vorher haben wir Bauern an eine Molkerei geliefert und wussten nicht: Wer ist eigentlich Vorstand bei der Milcherzeugergemeinschaft? Wir haben unsere Milch abgeliefert und fertig. Keiner war mit dem Preis zufrieden, jeder hat geschimpft. Bis wir gesagt haben, so, wir machen das jetzt selbst. Gegen brutale Widerstände. Die Erzeugergemeinschaft sah uns als Konkurrenz, und der Gesetzgeber verhindert geradezu eine Eigeninitiative von Bauern. Unsere Lieferverträge mussten zwei Jahre im Voraus gekündigt werden, das war durch das Genossenschaftsrecht abgesichert, aber welcher Bauer kann schon vorhersagen, was in zwei Jahren passiert? Dann gab es eine Andienungspflicht der Molkerei gegenüber, du musstest dich beispielsweise erklären, wenn du selbst deine eigene Milch vorab entnommen hast. Als Milchlieferant bist du fast wie ein Leibeigener. Da wollten wir raus, und das haben wir ja auch geschafft.

Unseren Hof habe ich 1998 übernommen und habe mir immer schon gedacht: Man muss sich von diesem ganzen System abkoppeln. Da war die Biolandwirtschaft für mich der erste Schritt. Wir haben zwar immer schon ohne Pflanzenschutzmittel und Handelsdünger gewirtschaftet, aber die Zertifizierung war uns wichtig, um uns von der industriellen Milchwirtschaft abzuheben. Das Naturlandkonzept hat uns gefallen, weil es weltweit angewendet wird. Dann wurde die staatliche Molkerei Weihenstephan billig verkauft, und dort hat es geheißen: »Wir erfassen jeden Biomilchbetrieb«, und die haben uns auch erfasst. Aber ich habe nie einen höheren Milchpreis bekommen, zehn Jahre lang nicht. Da habe ich gesagt: »So jetzt reicht's, wir bauen ein Café«, das war der erste Gedanke, »dann können wir einen Teil unserer Milch auch selbst vermarkten und eine eigene kleine Hofkäserei bauen.« Zu dieser Zeit kam eine indische Familie zu uns auf den Hof, die hatten ein Preisausschreiben der »Deutschen Welle« gewonnen, eine Deutschlandreise. Das war so nett, Mann und Frau und deren Eltern, die durften einen Tag einen landwirtschaftlichen Betrieb in Oberbayern anschauen. Da haben wir ihnen alles gezeigt, Brotzeit gemacht, Butter gemacht. Das hat ihnen alles so gut gefallen, die waren total happy, und uns kam der Gedanke, eigentlich könnten wir das ja immer machen, eine Butter und einen Kas. Und dann hatte ein Gastwirt aus Rottach, der Bogner, auch solche Überlegungen, und wir haben uns zusammengehockt und gesagt, wir könnten eigentlich eine Käserei bauen. Und so ist das in Gang gekommen. Da hat es eine richtig gute Aufbruchstimmung gegeben. Die Bauern, die wir angesprochen haben, waren nicht alle gleich Feuer und Flamme, aber es waren ein paar ganz Begeisterte dabei. Also haben wir zur Probe einen Käsereibetrieb am Ammersee gepachtet und bekamen auch einen Käsereimeister empfohlen, aus Rott am Inn. Wir haben unsere Milch mit einem Anhänger nach Kerschlach gefahren, um sie dort zu verkäsen – aber dafür haben wir dann beim Hauptzollamt in Rosenheim Strafe gezahlt. Das ist nämlich verboten. Wir brauchten ein Direktvermarktungskontingent.

Am 17. Juni 2009, an meinem Geburtstag, haben wir dann mit dem Bauen der Käserei angefangen. Vorher hatten wir vierzig Käsereien angeschaut: in Österreich, Südtirol, der Schweiz, im Allgäu und am Bodensee. Am 1. Juli 2010 wurde der Betrieb der Naturkäserei TegernseerLand eG inklusive Verkaufsladen, Gaststub'n und Schaukäserei aufgenommen. Uns hat jemand geholfen, der in der Schweiz für eine Käsereiausstattungsfirma geschafft hat, der Schenk Ueli, der war Maschinenbauingenieur und Käser. Er hat uns sehr geholfen, auch Kontakte zu schaffen. Unser Ziel war, die Wertschöpfung in der Region zu behalten. Und damit meine ich nicht nur das Milchgeld, sondern auch die Arbeitsplätze. Schon in den 1950er-Jahren hat jemand geschrieben, man muss die Arbeit zu den Menschen bringen, nicht die Menschen zur Arbeit, das hat sich mir eingeprägt. Wir wollen nicht nur Lebensmittel produzieren, sondern auch die Kulturlandschaft erhalten, die bäuerlichen Strukturen stärken, Identität stiften. Wir wollen uns nicht von Leuten, die ausschließlich was von Betriebswirtschaft verstehen, sagen lassen, was unsere Milch wert ist. Das ist nichts anderes, als in Afrika die Bodenschätze billig rauszugraben. Wir wollen weg von den Abhängigkeiten. Darum haben wir die Käsereigenossenschaft gegründet. Es ist wichtig, dass wir Bauern von dem alten Denken wegkommen, dass wir nur die Milch abgeben müssen, und dann darauf vertrauen, dass die anderen es schon organisieren. Das hat bei den Molkereien nicht geklappt und das wäre auch nicht gut für unsere eigene Käserei. Unser Betrieb steht heute gut da, wir haben wahnsinnig gute Kontakte und Kunden, die das Ganze mittragen, und ich hoffe, dass das noch lange so weitergeht. Aber wir Bauern müssen uns weiter genossenschaftlich verhalten, transparent sein, nach vorn schauen und immer wieder fragen: Wo kann man was verbessern, wo stehen wir? Jeder Einzelne von uns muss Verantwortung übernehmen und hinter dem gemeinsamen Konzept stehen. Es reicht auch nicht, dass wir unsere Milch in der eigenen Käserei abgeben, sondern wir müssen absolut hinter dieser Strategie stehen und uns immer wieder selbst hinterfragen und verbessern, und für uns einstehen. Diese Authentizität merkt sich der Kunde. Wenn man etwas verkaufen möchte, muss man absolut hinter seinem Produkt stehen. Wir haben super Bedingungen: Leidenschaftliche Bauern, die eine gute Arbeit machen. Wir haben den Tourismus, der manchmal auch zu viel wird, und eine gute Kundschaft und gute Mitarbeiter. Und wir kommen aus einem Eck, das jeder kennt. Wenn wir in einer unbekannten Umgebung wären, müssten wir noch viel mehr Werbung machen, um existieren zu können. Besonders in unseren Anfängen hatten wir viele Besuchergruppen, von überall her, aus dem In- und Ausland. Auch Menschen aus Berlin und Baden-Württemberg, die selbst eine Käserei gründen wollten. Alle haben sich angeschaut, wie wir arbeiten, wie wir das schaffen, Heumilch zu produzieren. Auch die Barbara Scheitz von der Andechser Molkerei war da, viermal. Die wollten alle wissen, wie wir das mit der Vermarktung machen und auf unsere Kunden zugehen. Und ich habe ihnen genau erklärt, wie wir arbeiten, weil ich unser Konzept so gut finde. Die Transparenz gehört dazu. Wir brauchen ja keine Schaukäserei etablieren, wenn wir uns nicht trauen zu sagen, was wir tun.

In Europa sind heute 60 Prozent der Agrarflächen Pachtflächen, das bedeutet für die Pacht-Bauern Abhängigkeit. Manche unserer Bauern haben noch ihren »Freiheitsbrief« daheim. Vor der Säkularisation waren wir abhängig von der Kirche und vom Adel. 1803 waren wir dann frei und haben selber wirtschaften können, obwohl der Staat und die Wittelsbacher das Land nicht gleich hergaben. Die Bauern haben gesagt: »Wir haben das Land seit jeher bewirtschaftet und unsere Arbeit reingesteckt, das gehört jetzt uns.« Es ist natürlich gestritten worden, und die Bauern sagten: »Nein, wir geben das Land nicht mehr her, das ist unseres. Wir haben es urbar gemacht und die Verantwortung für den Hochwasserschutz übernommen, und wir bewirtschaften dieses Land jetzt selbst.« Da wurde nachgegeben. Dann kamen die sogenannten Büchselbriefe, also die Freiheitsbriefe in einer Büchse, da stand dann drin: »So, du bist jetzt ein freier Bauer.« In Teilen ist es so, dass wir diese Freiheit heute wieder verspielen. Natürlich gibt es immer Druck von außen, doch um beim Beispiel der Käserei zu bleiben: Wir müssen uns selbst einsetzen. Wenn wir die Verantwortung scheuen und uns nicht permanent selbst vertreten, dann geht's nicht wirklich weiter. Wem etwas nicht taugt in der Genossenschaft, muss selbst den Mund aufmachen, für den Vorstand kandidieren oder für den Aufsichtsrat. Es gibt keine Alternative. Auch nicht zu einem guten Umgang mit den Mitarbeitern. Der Betrieb steht und fällt mit motivierten, engagierten Fachkräften. Wenn du die nicht hast, kannst du nicht gut produzieren. Wenn du nur Mitarbeiter findest, die woanders keine Arbeit mehr bekommen, kann nichts funktionieren. Die gesamte Atmosphäre von so einem Betrieb, die Stimmung, die herrscht, vermittelt sich dem Kunden. Und es ist absolut notwendig, dass man sich immer weiterentwickelt. Gerade steigen zum

Christine und Hans Leo auf ihrem Hof in Kreuth. Hans Leo hat gemeinsam mit anderen Bauern im Tegernseer Tal eine Käserei als Genossenschaftsbetrieb gegründet, der er zwölf Jahre lang als Geschäftsführer angehörte.

Beispiel die Energiepreise so stark, dass es wichtig ist, sich da unabhängiger zu machen. Wir haben seit fünf Jahren Pläne in der Schublade, wie man aus Molke Biogas über ein Blockheizkraftwerk produziert. Wir dürfen nicht ausschließlich über unser Wachstum nachdenken, also mehr Milch, mehr Joghurt, mehr Produkte, sondern wir müssen auch darauf achten, die Abläufe im Betrieb zu verbessern, und zwar vorausschauend. Wie können wir ein Produkt wie unsere Molke nutzen, was kann ich daraus machen? So etwas kann uns unabhängiger machen. Und es ist auch ein Vermarktungsargument, genau wie das, etwas für die Mitarbeiter zu tun.

Unseren eigenen Hof habe ich übernommen, als der Vater früh gestorben war. Das Haus war da noch gar nicht ganz fertig. Den Stall und das Land haben wir vom Onkel gepachtet. Als Pächter muss man ganz schön innovativ sein, um zu überleben. Das ist auf den anderen Höfen besser, wo die Jungen erben. Wenn ich so von den Generationskonflikten auf anderen Höfen höre, denke ich manchmal, so einen Konflikt hätte ich gern mal gehabt. Denn bei mir war ja der Vater nicht mehr da, der konnte mir nichts mehr sagen. Mit fünfzehn Jahren kam ich in die landwirtschaftliche Lehre und war dann nicht mehr daheim. Danach habe ich eigentlich den Großvater länger gehabt als den Vater. Den Betrieb habe ich nie wie ein Pächter gesehen, sondern so, als wenn's mein eigener wäre. Sonst hätte das gar nicht funktioniert. Aber als Pächter musst du ständig überlegen: Wie kann es besser gehen, leichter, ohne dass du immer einen Haufen Geld einsetzt.

Als die Käserei fertig gebaut war und in Betrieb ging, habe ich gesagt: »Jetzt brauchen wir einen Reifekeller.« Weil man dann unabhängiger ist. Nur so ist man in der Lage, einen Käse, der gereift ist und Geschmack hat, rauszugeben. Denn der Kunde will nicht nur einen jungen Käse essen, den bekommt er ja jeden Tag beim Tengelmann, sondern das, was gereift ist. Veredelt können wir den Käse wirklich sinnvoll vertreiben. Um zu erfahren, was die Kunden wollen, ist der direkte Kontakt wichtig. Den haben wir, wenn wir selbst vermarkten. Und nur in der Direktvermarktung ist unsere Marge so hoch, dass wir gut in unseren Betrieb investieren können.

Die Milchkühe kommen ab April oder Mai auf die Weide. Nachdem sie die kalte Jahreszeit über hauptsächlich im Stall verbracht haben, genießen die Tiere die Bewegung und die Sonnenwärme. Zu Beginn der Weidezeit sind die Tiere übermütig und müssen ihren Rang in der Herde behaupten. Bei der Familie Leo verbringt das Vieh 160 bis 170 Tage im Jahr auf der Weide.

36 785
36 785

Die Haltung von Stieren ist nicht mehr üblich, auch nicht in Biobetrieben. Mit einem eigenen Stier kann eine gut angepasste Herde entwickelt werden, und die Fruchtbarkeit wird erhöht. Die Umstände und Kosten der künstlichen Besamung entfallen. Der Umgang mit einem Stier muss jedoch besonders wachsam und verständnisvoll sein, weil der Stier einen großen Beschützerinstinkt hat und die Herde immer zusammenhalten möchte. Der Nasenring wird in Deutschland von der Berufsgenossenschaft vorgeschrieben. Wenn ein Stier ungefähr vier Jahre alt ist, wird er sich dem Menschen nicht mehr so leicht unterordnen und muss die Herde verlassen.

Auf dem Hazihof werden die Milchkühe lange gehalten, bis zu fünfzehn Jahre. Sie sind Teil der Familie. Zur Milchwirtschaft gehört, dass Kühe jedes Jahr ein Kalb bekommen, um Milch geben zu können. Die besten Kalbinnen werden für die eigene Herde aufgezogen. Die männlichen Jungtiere werden im zweiten Jahr verkauft. Dieses Kälbchen wird zum Nachbarn Hartl Maier gefahren, der Mutterkuhhaltung betreibt. Eine seiner Kühe hatte eine Totgeburt und bekommt nun das fremde Kalb in Pflege.

Kreuth, Rieselsbergalm. Das Jungvieh des Hazihofs verbringt mit dem Vieh vier weiterer Bauernfamilien den Sommer auf einem gemeinschaftlichen Almweidegebiet am Schinder zwischen Deutschland und Österreich. Regelmäßig werden die Tiere auf der Rieselsbergalm gezählt, und es wird geschaut, ob sie gesund sind, sich gut entwickeln, und ob genügend Trinkwasser vorhanden ist. Dieses Almweidegebiet ist fahrtechnisch nicht erschlossen, auch Wanderwege gibt es hier kaum.

Hazi, Kreuth, Pförn, Familie Leo	
Milchkühe, Miesbacher Fleckvieh	18
Jungvieh	24
Grünland	23 ha
Almfläche	15 ha
Wald	10 ha

Beim Sixt

Bayrischzell, Dorf Familie Willerer

Anna Willerer: Das Gras ernten wir den ganzen Sommer über, das ist das Wichtigste. Die Leute fragen immer, ob wir schon mit dem Heu fertig sind, aber wir sind nie fertig. Nur der erste Schnitt ist das Heu, den zweiten nennt man »Grummet«, und dann kommt noch der dritte Schnitt, so geht das bis zum Herbst. Die Arbeit machen wir allein. Unsere Kinder sind erwachsen, und wenn wir sie brauchen, kommen sie alle sofort und helfen mit. Das ist sehr schön.

Den Hügel im Geitau konnten wir von der AOK kaufen. Besonders wirtschaftlich ist der Bichl nicht, denn man kann ihn nicht mit der Maschine bearbeiten. Aber wir wollten es gern, und der Alois hat nicht lockergelassen, bis er ihn hatte. Es macht uns einfach Freude. Auch unseren Kindern bedeutet das was. Die haben das Verständnis für so etwas, obwohl wir ihnen nie gesagt haben, wie sie denken sollen.

Auf die Alm fahren wir zum Nachschauen und bringen auch Heu für die Kälber rauf. Die Katharina, die Almerin, macht das gut, sie kann gut mit dem Vieh umgehen. Früher haben wir uns kein Almpersonal geleistet, da sind wir öfter raufgefahren und haben's ohne Almerin gemacht. Aber das ist sehr anstrengend, wenn man auch unten die ganze Arbeit hat. Die Alm ist sehr alt, ich schätze, so dreihundert Jahre. Genau weiß das keiner bei uns. Mein Vater hat noch vieles instandsetzen lassen. Das Fundament und eine Blockwand wurden neu errichtet, und wir haben erst vor Kurzem das Schindeldach erneuert.

Wir haben neun Milchkühe. Für die Umstellung auf Bio fehlt uns die geeignete Fläche für einen Winterauslauf, da gibt es Vorgaben von den Molkereien. Aber wir verwenden ohnehin keinen Mineraldünger, nur Mist und Odel aus dem Betrieb. Und auch keine Pflanzenschutzmittel. Unsere Futterflächen reichen für neun Milchkühe und für die Nachzucht aus. Der Milchpreis schwankt, die Berechnung hängt von verschiedenen Faktoren ab.

Jetzt im Herbst wollen die Kühe rein, das spürt man richtig. Morgens muss man sie schon etwas antreiben, damit sie rausgehen. Ab heute dürfen sie drinnen bleiben, und ich glaube, das tut ihnen gut. Sie sind es so gewöhnt. Nur das Jungvieh steht noch draußen, Gottseidank. Wenn das auch reinkommt, haben wir viel mehr Arbeit im Stall. Ab November und Dezember kommen dann die neuen Kälber, und die sind im nächsten Juni groß genug für die Alm. Wir legen keinen Wert auf die ganz großen Mengen und haben auch keinen großen Traktor oder große Maschinen. Aber so wie es ist, passt es für uns.

Alois Willerer: Die Bienen sind manchmal angriffslustig, das sind nicht so die ganz braven Bienen. Ich stelle mir vor, sie können sich dann besser gegen die Milben wehren, wenn sie nicht so weich gezüchtet sind, und bleiben gesünder. Wir haben acht Bienenvölker. Ihren Nachwuchs lassen wir erst am Hof, da habe ich sie besser im Blick und kann sie leichter versorgen. Den Honig verkaufen wir am Hof und auf dem Weihnachtsmarkt in Bayrischzell. Der heimische Honig ist gefragt. Ich bin gern hier oben, da kann ich auch mal durchschnaufen. Das Gelände müssen wir schwenden, das heißt, dass wir es von Gebüsch und Disteln frei halten. Und die Ziegen fressen die Steillagen sauber. Die sind gut angepasst an das Gelände und vertragen das Klima. Die Ziegen sind Thüringer Waldziegen. Am Anfang und gegen Ende der Almzeit nutzen wir diese Weide für das Jungvieh.

Der Holzpreis schwankt stark, er ist schwer einzuschätzen, da ist nichts zu machen. Die Fichten nehmen wir fürs Sägewerk und auch als Brennholz, die Rotbuche wird Brennholz. Das mit der Verjüngung hat hier nie geklappt, das Rotwild frisst uns alles weg. Jetzt nehmen wir die großen Bäume alle raus aus dem Hang und lassen nur ein paar stehen für den Schatten. Vor allem die überalterten Bäume müssen wir fällen. Wir bauen einen hohen Zaun, um die Setzlinge und die Natur-

Anna und Alois Willerer bewirtschaften ihren Hof in Dorf bei Bayrischzell und halten Milchkühe, Ochsen, Schafe, Ziegen und Bienen.

verjüngung zu schützen. Da wirst du sehen, nach ganz kurzer Zeit, wie schnell das dann wächst.

Eintausendzweihundert Pflanzen hat der Michael, unser Sohn, besorgt, und er hat zwei Hektar eingezäunt. Er ist gelernter Zimmerer, arbeitet als Forstwirt und auch bei uns im Betrieb. Die Wildzaunpfähle hat er selbst geschnitten. Wenn's nicht eingezäunt ist, verbeißt das Wild die jungen Pflanzen. Die wachsen dann nicht mehr hoch. Rubinien und Eichen pflanzen wir, und Lärchen, Tannen und Kiefern. Die können auch mal eine längere Trockenheit überstehen, das macht denen nichts. Die sind robust und brauchen auch nicht die vielen Nährstoffe von einem schweren Boden. Im Bergwald ist die Humusschicht nicht sehr dick.

Unsere männlichen Kälber verkaufen wir in der Region. Jedes Jahr ziehen wir zwei als Ochsen selbst auf, die anderen geben wir mit vier oder fünf Monaten ab an die Gastronomie, fürs Kalbfleisch. Wir sind mit unserem Betrieb breit aufgestellt und nicht so spezialisiert, deshalb funktioniert das ganz gut für uns. Und normal ist ja, dass man immer noch was auf der Seite hat, falls mal ein schlechtes Jahr kommt.

Wendelsteingebiet. Die jungen Bienenvölker werden erst am Hof gehalten und später auf einer steilen Waldfläche angesiedelt. Sie bekommen keine Medikamente und in ihrer Umgebung wachsen ausschließlich wilde Pflanzen. Solange die Waben Brut enthalten, wird kein Honig entnommen.

Geitau, Baumgarten. Weil die hügelige Mahdwiese nicht gedüngt wird, finden hier besonders viele verschiedene Pflanzen- und Insektenarten die Lebensbedingungen, die sie brauchen. Der erste Heuschnitt erfolgt erst Mitte Juli. So haben die Pflanzen und Insekten genügend Zeit, sich zu entwickeln. Wird die Wiese gepflegt, bleibt sie als artenreiches Biotop erhalten. Diese Art der Bewirtschaftung bringt wenig Ertrag, doch sie dient dem Landschaftsschutz.

Soinalmen. Hier wird das Jungvieh der Willerers in der Hauptalmzeit betreut. Wendelsteingebiet. Sehr steile Hanglagen lassen sich mit Ziegen frei halten. Doch zusätzlich zur Beweidung muss die Fläche regelmäßig von Hand geschwendet werden, sonst waldet der Hang wieder zu.

Im November werden die Schafe von der Spitzingalm zum Hof gebracht. Zur Waldbewirtschaftung gehören die Neuanpflanzung und die Holzernte. In der kalten Jahreszeit speichern die Bäume weniger Wasser und sind leichter zu transportieren.

Beim Sixt, Bayrischzell, Dorf, Familie Willerer

Milchkühe, Miesbacher Fleckvieh	9
Jungvieh	12
Bergschafe	12
Thüringer Waldziegen	5
Bienenvölker	8
Grünland	13 ha
Almfläche	35 ha
Wald	25 ha

Ehard

Fischhausen, Ankelalm
Familie Leitner

Christina Hitzelsperger: Wenn die Almzeit vorbei ist, geht es mir [als Almerin] vor allem darum, dass ich alle Tiere dem Bauern gesund zurückbringen kann. Dass sie gut runterkommen. Ich selbst würd's noch länger aushalten hier oben.

Mein Beruf ist Kinderpflegerin. Dass ich trotzdem auf die Alm kann, haben sie mir in dem Kindergarten, in dem ich arbeite, ermöglicht, und ich bin wirklich dankbar dafür. Heuer habe ich sieben Kälber oben und siebzehn Kalbinnen, das sind die Jungtiere, die noch nicht gekalbt haben. Alles weibliche Tiere. Manche von ihnen sind schon trächtig. Und meine eigene Kuh.

Ich bin den siebten Sommer auf der Ankelalm. Meine Eltern haben einen Hof, und früher haben wir von meinem Onkel das Jungvieh aufgezogen. Wir haben sie als Kälber bekommen und sie dann, wenn sie trächtig waren, wieder abgegeben. Ich bin in Grub daheim, bei Valley. Im Sommer hatten wir lange Zeit eine Alm zur Pacht, in der Nähe von Kreuth. Dort waren wir als Kinder gern. Es gab einen alten Almerer oben. Von ihm haben wir viel gelernt. Da ist eigentlich schon der Wunsch entstanden, einmal selbst als Sennerin auf die Alm zu gehen. Mit dreißig Jahren habe ich mir dann gesagt, wenn ich jetzt nicht gehe, mache ich es nie.

Die Zeit als Kind auf der Alm, das hat mich geprägt, uns alle. Auch meine Schwester war viel dabei. Was wir da gelernt haben? Vielleicht dieses Verzichten. Was heißt verzichten, man hat halt nicht viel, und das ist in Ordnung. Der Almerer hat uns viele Vogelarten gezeigt und uns den Umgang mit dem Vieh gelehrt. Vieles haben wir ja von daheim schon gewusst, aber es ist auf der Alm einfach noch mal intensiver. Daran erinnere ich mich gern. Einmal hatte ich eine Kuh, die mir auf Schritt und Tritt nachgegangen ist. Das ist dann einfach schön, wenn ein Viech so eine Nähe zulässt. Hier oben hast du eine engere Bindung, das ist unten einfach anders. Auf der Alm verbringst du so viel mehr Zeit mit den Viechern und auch in der Natur, man ist konzentrierter auf das Wesentliche.

Es war noch nie so, dass es nicht schön war. Gut, einen Sommer gab's, da fiel ein Kalb am Steilhang bergab, und ich musste zuschauen. Das war schwer für mich, aber es hatte Glück und nur oberflächliche Verletzungen. Ich hab's dann im Stall gelassen, und es hat sich wieder gut erholt. Eine andere Kalbin wurde von einem Felsstein getroffen. Nach dem langen Winter im Vorjahr war viel Geröll lose. Die Tiere waren sehr weit hoch gestiegen, weil es nicht mehr so viel Gras gab. Danach hatte ich Angst um die Herde und habe mir das sehr zu Herzen genommen. Der Bauer hatte schon Bedenken, dass ich nicht mehr wiederkommen wollte, aber ich wollte schon. Und dann hab ich halt geschaut, wie's wird.

Heuer hat es ein paar Vorfälle gegeben, bei denen es geheißen hat, dass das der Wolf gewesen sein könnte. Einige Schafe sind gerissen worden. Das ist dann schon im Kopf drin, da macht man sich Gedanken und Sorgen. Erst hat's geheißen, die Kälber bei Nebel nicht mehr rauszulassen. Aber wir können sie nicht längere Zeit drinnen halten, und man darf sich da auch nicht so verrückt machen lassen. Solange unsere Tiere ruhig sind und keines verschreckt wirkt, machen wir jetzt erst mal so weiter. Aus meiner Sicht ist die Almwirtschaft nicht vereinbar mit dem Wolf. Wir können die Herden so nicht mehr schützen.

Hier oben ist es auch schön, wenn's Wetter schiach ist. Dann ist niemand unterwegs, es kommen keine Wanderer, das mag ich, da ist man ganz für sich. Es war noch nie so, dass ich mir gesagt habe, ich würde nicht mehr auf die Alm wollen. Die schönen Zeiten überwiegen. Und ich lerne jeden Sommer viel dazu. Mittlerweile behandle ich die Tiere ganz viel mit Globuli, da habe ich vielleicht ein Händchen dafür. Eine Kalbin hatte jetzt gerade Fieber. Sie ist langsam geworden und hat die Ohren hängen lassen, die Augen sind ein bisschen weiter drin. Das sieht man schon, wenn eine nicht so fit ist.

Man zieht sich die Kälber so, wie man sie haben mag. Aber manche haben auch einfach ihren eigenen Kopf. Jedes hat seinen eigenen Charakter, und ich kenne sie wirklich genau. Die Almzeit ist für mich das Wichtigste. Ich mag's einfach, und freue mich monatelang darauf. Auf die Verbindung zu den Tieren und die Natur natürlich. Auch in der Früh, wenn noch keins da ist. Wenn alles so ruhig ist, und noch niemand unterwegs ist, das gibt mir viel.

Andreas Leitner: Um fünf Uhr gehen wir rauf, so anderthalb Stunden, länger nicht. Er hat schlechtes Wetter angesagt für den Auftrieb. Das ist gut, dann haben wir Zeit für einen Ratsch. Es gibt oben ein Frühstück für alle Treiber: Weißwurst. Wenn es richtig zuzieht, kann es sein, dass es uns da beim Beieinanderhocken so gut geht, dass wir erst am Nachmittag wieder vom Berg runterschaun.

Wir haben die Höfe von den Altvorderen übernommen. Für uns ist das selbstverständlich, dass wir das weitermachen. Wir sind damit aufgewachsen und kennen es nicht anders. Wir machen unsere Arbeit auch, damit wir das einmal an die nächste Generation weiterreichen können. Wie lange das noch wirtschaftlich ist, kann ich nicht sagen, es gehört halt alles zusammen. Die Kühe und Pferdl, die Gäste, und wie wir als Familie den Hof bewirtschaften. Die Menschen kommen ja auch zu uns, weil wir ein Bauernhof sind. Wenn wir aufhören, und hier wächst alles zu, und dann sehen die nur noch Büsche und Bäume, da weiß ich nicht, ob ihnen das so gefällt. Ohne die Zuschüsse würde es schwierig. Da würde die Hälfte der Bauern im Dorf morgen aufhören. Aber wir behalten unser Vieh. Wer weiß denn, was in zehn Jahren ist? Vielleicht ist es dann von Vorteil, wenn man überhaupt noch ein Stück Fleisch hat. Es ist wirklich viel Arbeit mit den Tieren, aber es ist auch meine Herzensangelegenheit.

Am Berg haben viele der Wanderer nicht mehr so das Gefühl für die Wiesen und laufen da einfach querfeldein. Die haben sicher beim Bäcker alle das Volksbegehren für den Bienenschutz unterschrieben, aber dass man dafür auch im richtigen Leben was tun muss, auf die Wiesen achten und auf dem Weg bleiben, das vergessen sie. So sind die Menschen, da ist sich nun mal jeder selbst der Nächste.

Früher ging man sonntags in die Kirche und danach zum Stammtisch. Heute geht es jedem gut, da ist die Kirche nicht mehr so wichtig. Es war früher auch konservativer, du hast da nicht einfach sagen können, so, jetzt geh ich mal spazieren. Das war völlig undenkbar. Durch den Fremdenverkehr und auch durch unsere Kinder hat sich viel verändert. Das Gastgeben beeinflusst einen selbst ja auch. Bei uns spielt sich alles auf dem Hof ab. Als die Mutter mit den Gästen angefangen hat, haben die Gäste noch in unserer Küche gefrühstückt. Das war alles viel enger. Heute gibt es einen eigenen Frühstücksraum und Küchen für die Gäste und einen Fernseher. Wir haben immer ein sehr gutes Verhältnis zu den Gästen, und die sind gern hier. Mit einer Familie haben wir uns sogar angefreundet, die besuchen wir nächste Woche in Norddeutschland.

Seit Ende des 15. Jahrhunderts heißt unser Hof Ehard. Das Hofgebäude ist von 1904/05. Meine Eltern haben 1954 geheiratet, der Georg Leitner vom Kirchberger Hof aus Fischhausen und die Centa Aschenwald aus Miesbach. 1955 haben sie den Hof gekauft. 1979 habe ich den Hof vom Vater gepachtet, und 1982 haben wir, die Astrid und ich, geheiratet. Der Vater hatte noch den Stall neu gebaut. Übergeben wurde der Hof 1995. Wir hatten vierzehn Milchkühe. 2003 haben wir mit der Milchwirtschaft aufgehört. Aber wir ziehen das Jungvieh vom Nachbarbetrieb auf, vom Kirchberger. Wir haben Ferienwohnungen ausgebaut und auch ein Ferienhaus errichtet, und bieten Urlaub auf dem Bauernhof an, dafür ist vor allem die Astrid zuständig. Und wir haben die Waldwirtschaft. Früher hat man seinen Lebensunterhalt mit der Landwirtschaft verdient. Das hat sich verändert. Wir sind in der glücklichen Lage, dass der See immer die Menschen angezogen hat. In unserer Betriebsgröße muss man heute mehrere Standbeine haben. Übernehmen wird's mal die Steffi. Unser Sohn Andreas ist Elektroingenieur.

Die Arbeit mit dem Vieh und mit der Natur macht mir Spaß. Für mich ist das unmöglich zu denken, dass ich die Landwirtschaft aufgebe oder den Grund verpachte. Wir wollen unsere Kulturlandschaft erhalten, weil wir sie mögen, und auch, weil sie dem Tourismus förderlich ist. Man muss halt flexibel sein, nicht so schnell aufgeben. Wenn man sein Lebtag nichts anderes gemacht hat, hat man sich ja auch an diesen Rhythmus gewöhnt.

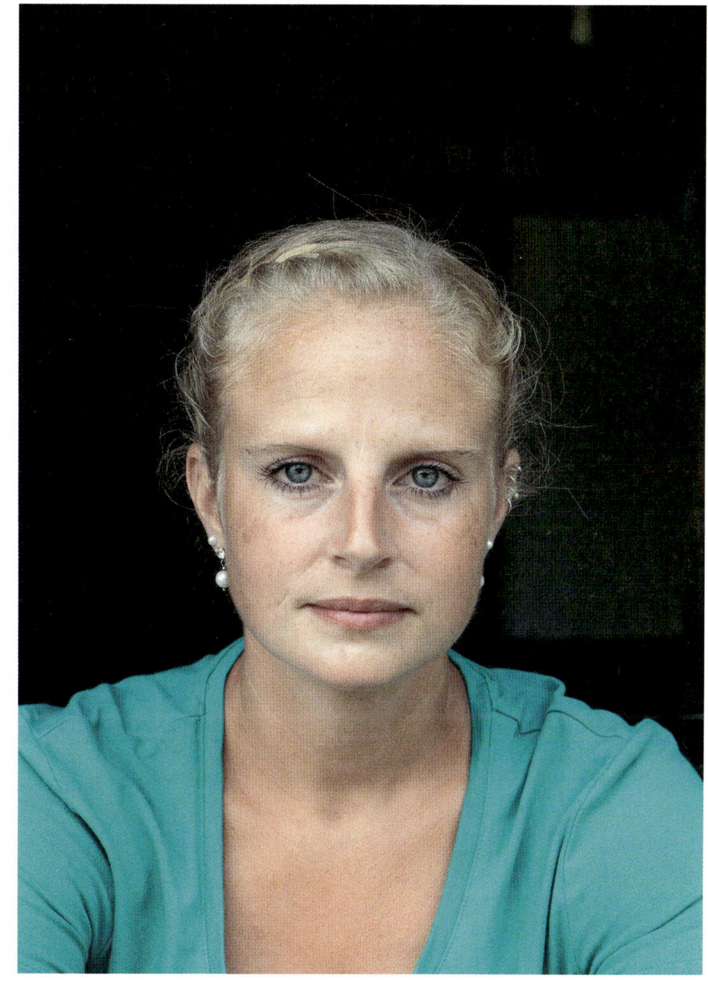

Andreas Leitner nach dem Almabtrieb. Beim Treiben helfen Freunde und Bekannte der Leitners. Christina Hitzelsperger hat ihren siebten Sommer als Sennerin auf der Ehardalm verbracht. Das Vieh im Frühsommer hoch und im Herbst wieder runterzubringen, ist für alle Treiber anstrengend, doch es ist auch ein gemeinsames Ritual, das gepflegt wird.

Die Ehardalm liegt in einem Talkessel unterhalb der Brecherspitz auf 1310 m ü. NHN.
Vom Hof in Fischhausen braucht die Herde ungefähr anderthalb Stunden.

Christina wandert früh morgens das Almgebiet ab, um nach jedem einzelnen Tier zu schauen. Nach dem Auftrieb nähern sich die drei unterschiedlichen Herden an, die den Sommer gemeinsam hier oben verbringen werden. Im Juni gibt es schon reichlich frisches Gras. Auf der Alm lernen die Jungtiere von den älteren Tieren, gute und weniger schmackhafte Pflanzen zu unterscheiden.

Ehard, Fischhausen, Ankelalm, Familie Leitner	
Jungvieh, Miesbacher Fleckvieh	28
Pferde	5
Grünland	44 ha
Almfläche Gemeinschaftsalm	48 ha
Wald	15,5 ha

Ende August wird das Weidefutter auf der Alm weniger, und die Tiere steigen weiter rauf. In dem Geröllfeld wächst gelber Enzian. Mitte September wird das Vieh wieder nach Fischhausen getrieben, denn dann kann es am Brecherspitz schon schneien. Für den Almabtrieb wurden die Jungtiere aufgekranzt und tragen große Schellen. Der Ehardhof ist ein reiner Aufzuchtsbetrieb und liegt direkt am Schliersee.

Hairer

Wall
Familie Stürzer

Marina Stürzer: Wir halten vierunddreißig Milchkühe, dazu Jungvieh und einen Stier. Die Nachzucht ist jetzt schon am Steinerhof, wo wir Flächen dazu gepachtet haben. Weitere sechs Jungtiere stehen am Fendberg, unterhalb der Kapelle. Die Kleinen stehen vorm Haus.

Der Hof wurde bereits im 13. Jahrhundert erwähnt, als Lehenshof des Klosters Tegernsee. »Hairer« als Hofname besteht seit über 300 Jahren. Der Familienname Stürzer kam erst viel später hierher, als nämlich eingeheiratet worden ist. Die Mutter meines Schwiegervaters hat den Stürzer Albert geheiratet. Mein Mann ist hier vom Hof. Er hat die dreisemestrige Winterschule und seinen Schreinermeister gemacht, das nutzt uns sehr. Ich komme aus einem Hof in Irschenberg und wollte erst mal gar nicht in die Landwirtschaft. Fünf Jahre lang war ich an der Frauenschule und dann habe ich noch die pädagogische Ausbildung absolviert, insgesamt acht Jahre. Die Schularbeit ist meine Leidenschaft, ich unterrichte einen Tag die Woche in der Grundschule Waakirchen die Fächer »Werken und Gestalten« und »Hauswirtschaft«. Nachdem meine Kinder kamen und ich eine Zeit lang zu Hause blieb, machte ich eine Zusatzausbildung zur Erlebnisbäuerin. Ich lade Schulklassen zu uns auf den Hof ein und biete Fortbildungen für Bäuerinnen an. Auch für Lehrer, damit sie wissen, was ihre Kinder hier alles erfahren können. Die Arbeit mit den Kindern hat mir immer schon gefallen. Mein Mann unterstützt das. In Bayern wird es von der Regierung gefördert, dass die Kinder zweimal in ihrem Schulleben auf einen Bauernhof dürfen. Wir bekommen 140 Euro für eine Klasse, und das Essen wird extra bezahlt.

Vor vier Jahren haben wir mit zehn Bauern die »Biokalb-Oberland Gemeinschaft« gegründet, damit wir unsere Kälber in der Region behalten können, das ist uns ganz wichtig. Der Zuchtverband war eigentlich immer ein guter Partner. Da hast du dein Kalb im Alter von fünf Wochen abgegeben, und dann haben sie es vermarktet. Aber wir haben überlegt, wie man die Kälber eben nicht so weit transportieren müsste. Kälber, die nicht so schnell wuchsen oder mal krank waren, wurden in die Mast gegeben. Wenn das Kalb eine gute Abstammung hatte und es gut wuchs, meldeten wir es zur Zucht an, aber später konnte es passieren – wenn es nicht gebraucht wurde –, dass es dann auch zur Mast weiterverkauft wurde. Das hatten wir manchmal nicht mehr so in der Hand.

Bei »Biokalb-Oberland« haben wir bereits über zweihundert Kunden im Verteiler und schaffen gemeinsam mit den anderen Bauern der Initiative bis zu zehn Vermarktungstermine im Jahr. Wir verkaufen direkt an die Endverbraucher, ab Hof. Und mit unserem neuen Verein »Oberland Bioweiderind« wollen wir auch weitere Kunden ansprechen, nämlich Kantinen, Gemeinschaftsverpflegungen, die Gastronomie und den Bio-Einzelhandel. Wir vermarkten Weidefleisch und haben jetzt gerade Convenience Produkte aus Rindfleisch hergestellt. Wir lassen Bolognesesoße und Gulasch kochen, die wir in Einweckgläsern anbieten. Die Qualität und auch die Nachfrage sind super. Wir sind uns sicher, dass es für diese Art von Fleisch einen großen Bedarf gibt.

Das Enthornen war für uns ein großes Thema und kam für uns nicht infrage. Als ich hergeheiratet habe, haben wir überlegt, wie wir das mit dem Laufstall schaffen. Mein Mann hatte schon begonnen, die Kälber zu enthornen, und meinte, im Laufstall sei das notwendig. Mit Hörnern, so hieß es beim Kälbermarkt, werden sie auch von den Mästern nicht gekauft. 2003 haben wir den neuen Stall gebaut. Die alten Kühe von den Schwiegerleuten hatten aber alle noch ihre Hörndl. Wir haben dann gesagt, wir versuchen es einfach mit dem Laufstall und mit den Hörndln. Und haben uns dann so durchgekämpft, das war nicht einfach, aber es ist gegangen. Wir wollten die Hörndl behalten. Erst haben wir nur die Spitzen einen Zentimeter abgenommen und dann haben wir an verschiedenen

Projekten teilgenommen. Eins wurde von der Universität Passau geleitet. Die Kühe wurden beobachtet, und auch unser Umgang mit den Kühen. Die Verletzungsgefahr sollte eingeschätzt werden. Und wir konnten uns dabei mit anderen Bauern austauschen: Was kann man verbessern, wie können wir die Stallarbeit so organisieren, dass sich die Kühe nicht verletzen? Wenn zum Beispiel eine Kuh recht zuwider war in der Herde, haben wir sie rausnehmen müssen, aber das passierte ganz selten. Wenn eine Kuh zum Stier wollte, brachten wir sie in einen anderen Stall, und die Herde wurde sofort wieder ruhiger. Wir haben ein Fressgitter angeschafft, so gab es nicht mehr diese Futterkonkurrenz. Und auch die Heufütterung hat Ruhe reingebracht, weil die Tiere dann nicht so schlingen können. Heu ist ja Raufutter. Die Tiere brauchen viel mehr Zeit, um es zu verdauen. Die sind dann viel gechillter und benötigen Gelegenheit zum Wiederkäuen. Durch diese Projekte, und auch durch die Mitgliedschaft bei Bioland und Demeter haben wir wirklich viel gelernt. Es funktioniert gut mit den Hörnern, nur, man muss das eben auch wirklich wollen.

Im Demeterverband haben wir uns sofort wohlgefühlt, weil das eine tolle Gemeinschaft ist. Einige Höfe haben da schon noch Anbindehaltung, aber das sind alles kleine Betriebe, die das mit Herzblut machen. Schade ist, dass jetzt die Molkereien solchen Druck aufbauen auf diese kleinen Anbindebetriebe. Die haben ja Weidegang. Wenn sie jetzt einen Laufstall bauen müssen und das nicht leisten können, dann geht das schon um die Existenz.

Vor elf Jahren haben wir umgestellt auf muttergebundene Kälberaufzucht. Unser Tierarzt Paul Georg hat uns darauf gebracht. Der hat die Kühe auch schon homöopathisch behandelt. Mit ihm konnten wir ganz gute Gespräche führen. 1995 hatten die Schwiegerleute ja schon auf Naturland umgestellt, und wir entschieden uns dann für Demeter, wegen der Hornpflicht. Die Philosophie von Steiner hat uns gefallen. Das ist schon einleuchtend, wenn man sich überlegt, was die Natur für Kräfte hat. Die Kuh ist der Mittelpunkt. Demeter arbeitet auch mit der Kraft der Kräuter, und das ist kein Hokuspokus. Das hat uns gefallen, auch, dass man da nie auslernt und immer wieder was Neues dazukommt. Unsere Molkerei hat uns dann einen Cent mehr pro Liter gegeben, als wir auf Demeter umgestellt haben, die haben da nicht geknausert. Dann kam die Weideprämie dazu und die Entscheidung für Heumilch, das war wirtschaftlich sinnvoll. Wir haben in eine Heutrocknungsanlage investiert und Boxen in die Tenne gebaut. So konnten wir auf die Maschinen für die Silage verzichten. Das hat uns gut gefallen. Das Heu muss man schon eineinhalb Tage draußen lassen und gut abpassen. Zu nass darf es nicht eingebracht werden, denn das Nachtrocknen braucht so unendlich viel Strom. Wir profitieren von unserer Hackschnitzelheizung. Wir haben elf Hektar Waldwirtschaft, mit den Abschnitten können wir heizen. Und wir nutzen die Sonnenwärme per Dachabsaugung. Also die Heutrocknung braucht schon Energie, aber wir müssen keine anderen Maschinen betreiben. Wir brauchen auch keinen großen Traktor, sondern haben nur so einen kleineren.

Übernommen haben wir den Hof 2005, mit dem dritten Kind. Anna ist jetzt fünfzehn Jahre alt. Wir haben Glück gehabt, dass wir uns so früh getraut haben, dass wir nicht lange gezögert und gleich in den Laufstall investiert haben. Das Landwirtschaftsamt rechnet dir schon alles vor: Was ein Liegeplatz kostet und wie viel Kühe du brauchst und wie hoch der Milchpreis ist, den du erzielen kannst, die gesamte Wirtschaftslage beziehen die ein. Auch die Leistungen der Stallbaufirmen, die halt auch ihren Preis haben. Da hieß es dann, wir müssen einen Stall für sechzig Kühe bauen. Aber wir wollten vierunddreißig Kühe halten, mehr schaffen wir nicht. Deshalb haben wir dann alles selbst gemacht, zusammen mit einem Zimmerer und einer Schalungsfirma. Wir haben damals in Niederbayern einen gebrauchten Melkstand gekauft. Den haben wir jetzt gerade modernisiert. Einen vollautomatischen wollten wir nicht. Ich kann Betriebe verstehen, die hundert Kühe haben, die brauchen den Roboter. Aber wir wollten das nie. Das würde mir an die Nerven gehen. Wir melken immer noch selber. Ich bin eine Bäuerin und möchte mich doch um meine Kuh kümmern, sie anfassen. Ich möchte nicht nur sehen, wie sie äußerlich ausschaut, sondern sie auch fühlen. Wenn es zum Beispiel Blutmilch gibt, oder die Milch erhöhte Zellen hat, behandle ich die Kuh selbst. Ich weiß nicht, ob der Roboter das erkennt, oder diese Milch einfach mit reinmelkt. Ich will, dass die Milch sauber und gesund ist. Wir wollen nicht die ganze schöne Arbeit technisieren.

Wir melken beide, und der Schwiegervater hilft auch, das lässt er sich nicht nehmen. Mir hat er mal gesagt, er melkt, bis er achtzig ist. So haben mein Mann und ich auch mal stallfrei. Der Schwiegerpapa ist auch für die Brennerei zuständig. Die Kinder helfen mit, die Kühe von der Weide zu holen. Mit dem Füttern und Ausmisten dauert das Melken eineinhalb Stunden morgens und dann wieder abends. Schweine haben wir auch noch, und Hühner. Im Winter dauert das Versorgen der Tiere jeweils eine halbe Stunde länger, weil wir die Kälber drinnen haben. Unsere Kälber sind drei bis vier Tage bei der Mama. Die Mutterkuh melken wir dann gesondert, weil sie noch Restmilch hat. Die Biestmilch [das Colostrum] hat einen hohen Zellgehalt, ungefähr eine Woche lang. Was die Kälber nicht ganz trinken können, geben wir den Schweinen. Und erst wenn die Milch richtig schön weiß ist, wird sie wieder genutzt. Wenn eine zweite Kuh kalbt, entscheiden wir, wer die Amme ist, wo also die Kälber trinken dürfen.

Alle sechs Wochen haben wir die Fleischvermarktung, darum kümmert sich mein Mann. Er schaut, wer schlachtet diesmal, wer hat eine Färse? Die Kunden müssen betreut werden. Wir haben vorher kalkuliert, ob sich das alles lohnt. Eine Färse macht ja eigentlich zwei Jahre lang nur Arbeit. Das Getreide müssen wir auch dazu kaufen, in Bioqualität. Wenn die Jungtiere auf der Weide sind, lassen wir bei ihnen das Getreide weg. Wir müssen uns unter den Bauern einig sein, welchen Preis wir ver-

Marina und Albert Stürzer laden Schulklassen ein, um Kindern ihre Art der Landwirtschaft nahezubringen. Auf dem Hairerhof wird nach Demeterrichtlinien gearbeitet und Heumilchwirtschaft betrieben. Gemeinsam mit den Initiativen »Biokalb-Oberland« und »Oberland Bioweiderind« vermarktet die Familie Stürzer Weidefleisch und betreibt eine Schreinerei.

langen. Die Altkühe vermarkten wir auch. Da gibt es nur einen Schlachter in Wall, der sie nimmt. Das ist ein kreativer Metzger, der probiert was aus, es ist eine gute Zusammenarbeit. Wenn wir eine Kuh von uns schlachten, fragen die Kinder schon nach, aber ich sage ihnen, dass das in Ordnung geht. Der Bertl hat sie zum Metzger geführt und war dabei. Schöner kann's eigentlich gar nicht sein, denke ich. Die Färsen werden geschossen vom Metzger und mit der Schlachtbox abgeholt. Das ist total stressfrei. Das sagen uns die Kunden auch immer wieder, dass man das schmeckt.

Es ist gar nicht so einfach, die Kalberl, die wir nicht für die Herde brauchen können, loszubringen. Vor allem, wenn wir ihnen die Hörner lassen. Aber wir haben's jetzt geschafft, dass wir alle unterkriegen bei anderen Bauern, die sie dann mästen, und wir keins mehr nach Miesbach zum Kälbermarkt fahren müssen. Im Miesbacher Oberland wird Werbung gemacht mit Hörnerkühen. Ich finde, in unserer schönen Gegend, da gehört es sich einfach, dass wir den Kühen die Hörner lassen. Ich muss doch versuchen, eine Nische zu finden, in der ich den Kühen die Hörner lassen kann. Die Nachfrage für unsere Vermarktung wächst. Manchmal kommen die Leute auch einfach so zu uns auf den Hof, um sich zu informieren, und sie befürworten, wie wir arbeiten. Das sind Leute, die essen eher nur ab und zu Fleisch, aber dann ein gescheites Fleisch. Die möchten unsere Arbeit unterstützen, indem sie hier kaufen. Wir haben viel Austausch mit den Verbrauchern. Wir können

Auf dem Hairerhof kommen die Kühe von März bis November auf die Weide. Gefüttert werden ausschließlich Heu und ein geringer Anteil Getreide. Die Stürzers betreiben mutterkuhgebundene Milchviehhaltung.

fragen, was sie brauchen und sich wünschen; das zu erfahren, ist ja auch für uns ganz wichtig. Die Verbraucher wollen das ganz Natürliche. Auch die Kinder, die hier mit der Schulklasse herkommen, sagen uns, wie gut ihnen die Milch schmeckt. Sie bekommen hier auch eine Holunderschorle, Haferflocken mit Joghurt, ein selber gemachtes Brot aus dem Holzofen und selbst geschüttelte Butter. Wir holen Schnittlauch und Blüten aus dem Garten, und die Lehrer sagen dann, dass sie die Kinder sonst nie so essen sehen. Das ist so schön. Einmal haben wir einen heißen Kaba aus Heumilch gemacht. Die Kinder sind so dankbar und die Eltern sind dabei und schauen, und ganz viele Erwachsene und Auszubildende kommen.

Meine Tochter sagt, die Biomilch muss es auch im Discounter geben, damit sich das jeder leisten kann, und das kann sein. Das kann ich nicht so gut beurteilen. Aber ein Lebensmittel wie Fleisch gehört da nicht hin. Das muss einfach einen richtigen Preis haben, denn es ist so wertvoll. Mit der Öko-Modell-Region haben wir unsere Preise rausgefunden.

Mit der kuhgebundenen Kälberaufzucht haben wir schon sehr viel mehr Arbeit. Wir beobachten, ob das Kalb gut trinkt, und ob die Mutter das zulässt. Die Kälber brauchen die Biestmilch zur Immunisierung und für den Darmtrakt. Am Anfang braucht das ein bisschen Zeit, aber dann läuft es. Und die Kälber werden abgeschleckt von den Müttern, das tut denen so gut, sie werden durchmassiert und sind viel weniger krank als früher. Das machen die Tiere alles ganz allein, man muss ihnen nur die Gelegenheit geben. Bei uns wissen die Kühe genau: Wenn's zum Kalben kommt, dürfen sie in die Abkalbebox; sie warten darauf. Unseren alten Stall haben wir dafür umgebaut. Die Trennung von den Kühen ist dann nicht immer so leicht für die Kälber, wir gewöhnen sie langsam daran. Die plärren dann schon, manche mehr, manche weniger. Aber drei Monate dürfen sie bei der Kuh oder bei der Amme trinken. Über die Ammenhaltung bin ich sehr froh, denn dann ist die Bindung nicht ganz so stark.

Wenn das Kalb bei der Mutter trinkt, haben wir berechnet, kostet uns die Milch zwei Cent mehr pro Liter. Wir hatten uns erhofft, dass da auch andere Bauern mitziehen und die Molkerei das einbeziehen kann beim Milchpreis, aber das haut einfach noch nicht so gut hin. Wir tragen selbst die Kosten für den Mehraufwand, aber verändern möchten wir es auf keinen Fall. Und gerade haben wir einen neuen Betrieb gewonnen, in Häuserdörfl, der uns Kälber abnimmt. Vier haben wir kürzlich dorthin verkauft. Es war diesmal nicht so einfach, die Kälber von den Müttern zu trennen.

Der Schwiegervater hat als Bua noch erlebt, dass die Kalberl bei ihren Müttern getrunken haben, da hat's die Milchaustauschmittel noch gar nicht gegeben. Dann produzierte die Industrie Pulvermilch für die Kalberl, und dem Landwirt wurde gesagt, das garantiere eine optimale Versorgung. – Den Geruch kenne ich noch von unserem Hof, es roch wie diese Vanillebäumchen für die Autos. – Das ist den Bauern so verkauft worden, und die haben es umgesetzt, weg vom Natürlichen. Das ist immer schlimmer geworden. Aber jetzt merken wir wieder, wie schön das ist, wenn wir zurück zur Natur gehen. Das schmeckt einfach viel besser.

Die besseren Milchpreise erarbeiten wir uns, denn auch die Heumilch macht einfach mehr Arbeit. Für uns bedeutet das, dass wir nicht immer mehr produzieren müssen, sondern besser. Das passt einfach gut für uns. Man muss auch bereit sein, den Hof zu öffnen und die Leute reinzulassen, auch die, die aus dem Ort kommen. Die Menschen wollen wissen, wie wir arbeiten. Mit dem Demeterverband durften wir selbst auch Betriebe anschauen. Jeder Betrieb ist anders und interessant. Das war einfach schön, da haben wir uns ausgetauscht, und da habe ich mich daheim gefühlt.

Das Wichtigste für mich an der Landwirtschaft ist die Selbstständigkeit. Und der Rhythmus. Wenn ich einen Roboter hätte, dann würde der meinen Rhythmus bestimmen. Der würde mir was diktieren, ich hätte das Gefühl, ich müsste mich nach dem richten. Da muss man immer auf den Bildschirm schauen und dann piepst was, und es muss was ausgetauscht werden. Das mag ich nicht. Ich weiß, in der Früh stehe ich auf, dann mache ich die Kühe, mit dem Schwiegervater oder mit dem Mann, danach gibt's Frühstück, und dann wird weitergearbeitet – und abends nochmal dasselbe.

Natürlich gibt es auch Zeiten, da merke ich, gerade in der Hauptkalbezeit, dass ich auf meine Gesundheit achten muss. Da ist nicht immer alles so einfach, es gibt auch Komplikationen. Die körperliche Arbeit ist schon anstrengend, man muss drauf achten, sich auch mal Zeit zu nehmen und was für sich selber zu machen, mal spazieren gehen. Und dass man auch genügend Zeit mit den Kindern hat. Man muss echt drauf schauen, dass man nicht in eine Arbeitsfalle gerät. Einmal hat mein Mann einen Unfall gehabt beim Mähen, da war die Schulter gebrochen und er ist ausgefallen. Wir hatten dann einen Betriebshelfer, das ging dann schon.

Unsere Kühe kenne ich von klein auf. Wir leben mit ihnen, und wir leben auf dem Hof mit mehreren Generationen unter einem Dach. Unsere Kinder mögen das auch, das passt alles zusammen. Eine gemeinsame Leidenschaft von uns allen ist das Musizieren, das ist total schön und allen wichtig. Morgen haben

Die Kälber werden nicht direkt nach der Geburt, sondern erst nach einigen Tagen von den Müttern getrennt, dann dürfen sie noch drei Monate lang säugen. Die Bindung von Kühen und Kälbern führt zu einem ruhigen Herdenverhalten. Die Kälber werden gut versorgt mit allem, was sie zum Wachsen brauchen, und sind weniger anfällig für Krankheiten.

wir die Maiandacht und vielleicht können wir spielen, das hängt vom Wetter ab, das wissen wir jetzt noch nicht. Als Bäuerin ist man eigentlich immer im Haus, vor allem am Anfang, da war ich für die Kinder da und für die Kalberl. Und das hat für mich immer gepasst. Man muss miteinander arbeiten. Dass wir uns für die Heumilchwirtschaft entschieden haben, haben wir zusammen bestimmt. Silage zu füttern, hat mir einfach nicht gefallen, das habe ich mir nimmer vorstellen können. Und da war mein Mann dann auch zu überzeugen. Wir besprechen alles gemeinsam. Uns war auch immer wichtig, dass wir nicht den ganzen Tag in Gummistiefeln rumrennen. Wir können uns die Arbeit gut einteilen. Wir haben viel Arbeit mit den Kälbern, aber es gibt auch einen Zeitraum, im August und September, da sind wir »kalbfrei«. Da können wir auch mal in den Urlaub, das kann man planen.

Als Bäuerin bin ich mit der Natur verbunden. Wir lassen unsere Kühe raus und kümmern uns um die Weiden und um die Artenvielfalt. Wir machen Versuche mit Blühstreifen und sehen: Die Pflanzen werden durch den Wind und durch Insekten verbreitet. Wir überlegen genau, wie wir unseren Wald nutzen und was wir entnehmen. Und was die Hagen hier im Miesbacher Land angeht: Viele Bauern denken, diese wilden Hecken nehmen ihnen Fläche, aber das Gegenteil ist der Fall. In diesen Hecken ist so viel Leben, da wachsen so viele Arten, das ist doch ein Gewinn.

53 543
53 543
53 544
53 544

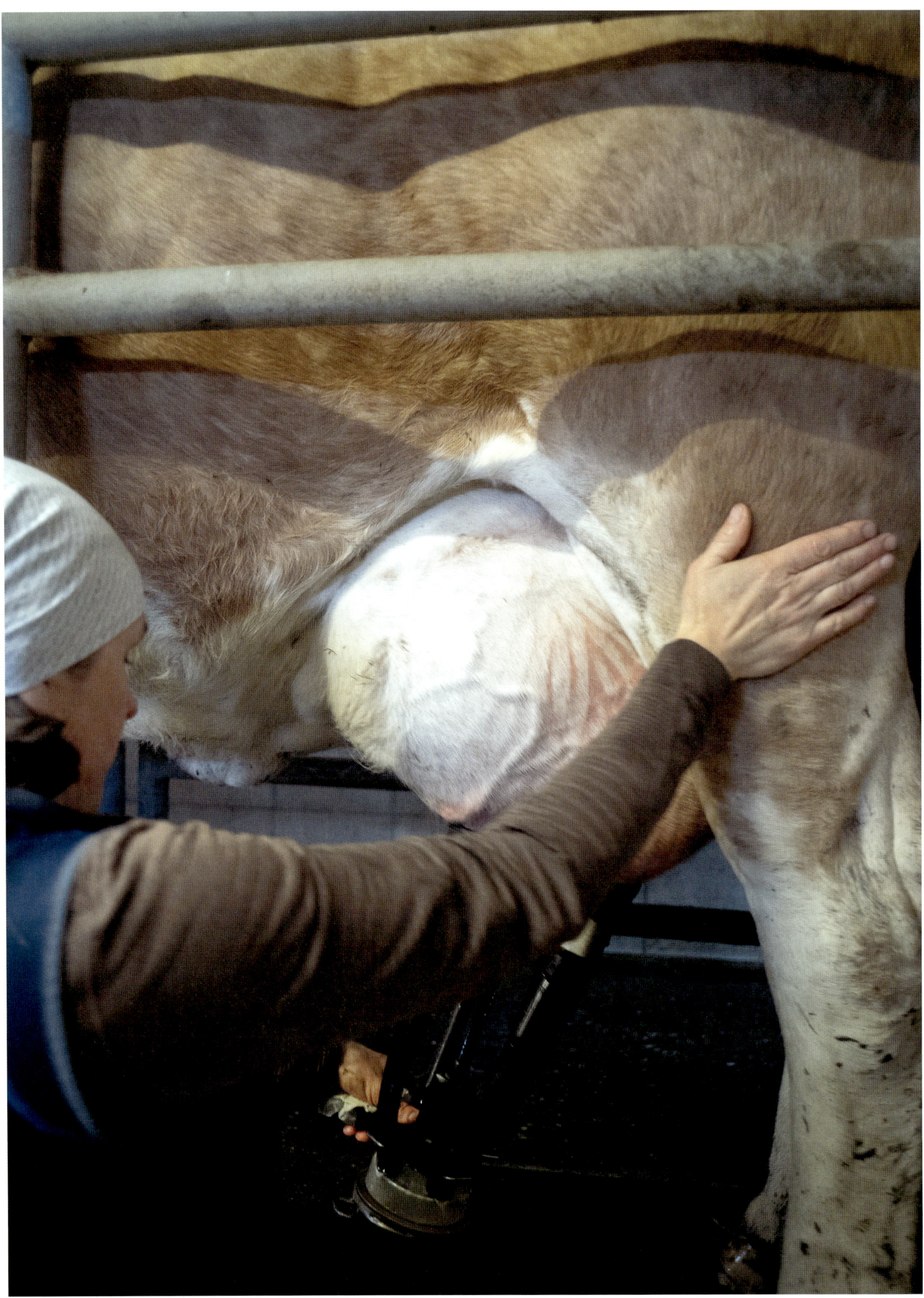

Für Marina Stürzer ist der nahe Kontakt mit den Tieren der wichtigste Aspekt ihrer Arbeit. Die Kuh wird die Woche über, in der sie ihr Kalb versorgt, zum Nachmelken geholt, denn sie hat mehr Milch, als das Kalb trinken kann. Auch ohne dass gesäugt wird, bleiben die Mutterkuh und ihr Kalb geschützt beieinander.

Der Hairerhof wurde erstmalig als Lehenshof des Kloster Tegernsees im Jahr 1250 erwähnt. Im 17. Jahrhundert wurde das Hofgebäude als Einfirsthof in Holzblockbauweise errichtet. Beim Bau ihres Laufstalls hat sich die Familie Stürzer für eine halbautomatische Melkanlage entschieden. Vierunddreißig Kühe müssen morgens und abends gemolken werden. Auf der Liste im Stall wird die Besamung und Kalbung der Milchkühe notiert.

Nächste Doppelseite: Die Familie Stürzer hält einen jungen Zuchtstier mit der Herde.

Hairer, Wall, Familie Stürzer

Milchkühe, Miesbacher Fleckvieh	34
Jungvieh	24
Grünland	34 ha
Pachtalm	
Wald	11 ha

Bauer in Trach

Fischbachau, Trach Familie Estner

Burgi Estner: Wir melken so gegen fünf Uhr, denn der Milchlaster kommt um sechs Uhr fünfzehn. Für mich ist es gleich schwierig, ob ich um halb fünf oder um halb sieben aufstehe. Aber frühmorgens siehst du einfach so viel schöne Sachen. Da ist die Welt noch ganz still. Wenn du auf dem Weg zum Stall die Sonne aufgehen siehst, und dann liegen die Berge da noch im Dunst von den Wolken, das ist einfach schön.

Natürlich gab es auch bei uns die Entscheidung: Hören wir auf oder bauen wir einen Stall? Als ich auf den Hof gekommen bin, hatten wir noch den alten Stall. Doch wir haben beide gesagt: Wir möchten unbedingt mit den Kühen weitermachen. Dann bleibt dir ja nichts anderes übrig, als zu bauen. Auch waren wir uns zu hundert Prozent sicher, dass wir unsere Tiere nicht verkaufen können. Aber die Zeit, die man fürs Bauen investiert, das ist schon viel. Das dauert dann doch alles viel länger. Aber man hilft sich innerfamiliär, und auch die Freunde haben viel geholfen.

In der Winterschule Miesbach habe ich ein Semester Landwirtschaft gelernt, als Quereinsteigerin. Das war total interessant, die coolste Zeit in meinen jungen Jahren. Ich bin Erzieherin, aber ich war daheim auch immer im Stall mit dabei, so bin ich aufgewachsen. Wenn du keine Lust hast, jeden Morgen so früh aufzustehen, geht's nicht, das muss klar sein. Das war keine Entscheidung für eine kurze Zeit. Aber wir mögen's. Die nächste Generation wächst dann da auch rein. In der Landwirtschaft arbeiten wir generationsübergreifend. Ganz genau weiß man's natürlich nie, ob die Kinder das mal alles übernehmen möchten, aber man hofft es. Unsere Kinder sind oft mit im Stall. Die müssen nicht mithelfen, aber sie sehen natürlich genau, was wir machen.

Der Laufstall war eine Rieseninvestition. Wir haben uns für den Melkstand entschieden, bei dem wir noch die Kühe selbst melken, also für die halbautomatische Anlage. Da haben wir zu jedem Tier Kontakt und sehen genau: Wie geht es der Kuh heute, wie fühlt die sich. Und wir kennen auch alle auseinander. Das finde ich wichtig.

Um den Stall herum haben wir die riesige Weide. Wenn unsere Kühe selbstständig aus dem Stall rausgehen können, ist das schon ein Luxus für uns. Auch wenn sie das getrocknete Heu kriegen, das sie über alles lieben. Man kann ja in die Kuh nicht reinschaun, aber wir beobachten schon genau, welche Entscheidungen sie treffen, wann sie rausgehen und wann sie – wie im Sommer, wenn es draußen heiß ist – lieber drinbleiben. Nachts ist dann wirklich jede draußen, auch wenn's regnet oder im Winter. Da stehen sie vor der Kratzbürste und lassen sich den Schnee ins Fell massieren. Wir beoabchten auch die Rangordnung genau. Es gibt die dominanten Kühe, an der keine andere einfach so vorbeigeht, und die Mitläufer und natürlich die Jungen, die sich noch nicht so gut behaupten können.

Beim Verkauf der Kälber bekommen wir für ein Bio-Kalb nicht mehr als für ein Kalb, das konventionell aufgewachsen ist. Da fragen wir schon nach, denn wir haben ja ganz andere Kosten. Aber die sind halt noch nicht so weit.

Das Enthornen macht bei uns die Tierärztin. Für Biobetriebe ist das eine Auflage, denn die Tiere bekommen dann eine Betäubung. Und wir haben einen Stier dabei, der ist genetisch hornlos. Bei den meisten Kühen ist es dann auch wirklich so, dass die Kälber keine Hörner mehr kriegen, aber vereinzelt schon noch. Wir enthornen, weil's halt einfach praktischer ist.

Wir wollen alles so haben, wie es jetzt ist. Ich finde das so schön, dass wir hier wohnen dürfen. Das ist einfach eine besondere Gegend. Auch, wenn du am Sonntag dein gutes Gwand anziehst und zum Musikspielen gehst. Da gibt's doch eigentlich wenig, was so schön ist. Für uns sind die kirchlichen Feste und die Bräuche wichtig.

Unsere Kinder spielen mit den Kindern der Gäste, manchmal passt das super. Die kommen alle zum Stall, das lieben sie. Ich finde es schön, wenn man den Gästen was erklären

Burgi und Hans Estner mit den Kindern auf dem Weg vom Stall zum Frühstück. Die Estners halten Miesbacher Fleckvieh und führen den Hof als Naturland-Betrieb. Hans Estner führt zusätzlich als Lohnunternehmer Arbeiten für andere Bauern aus.

Vorausgehende Doppelseite, links: Südlich von Trach liegen die Schlierseer Berge Tanzeck, Jägerkamp und Aiplspitz. Die Estners betreiben eine Holzvergasungsanlage, um Wärme und Strom zu erzeugen. So dient das Holz aus dem eigenen Wald der Energieversorgung des Hofs.

kann. Da sieht man schon an den Augen, was sie für Bedürfnisse haben, alles kennenzulernen, und wie interessant das für sie ist. Einen Gast haben wir, der hilft uns gern im Stall. Die Kinder lieben es auch mitzuhelfen und fragen ganz viel. Dann dauert das Melken manchmal viel länger, aber das ist in Ordnung. Mir ist es wichtig zu vermitteln, wie die Viehwirtschaft funktioniert. Viele Gäste kommen immer wieder. Ein Paar haben wir dabei, die verbringen schon seit vierzig Jahren bei uns ihre Ferien.

Hans Estner: Mit unserer Arbeit pflegen wir die Landschaft. Ohne uns Bauern würde diese Kulturlandschaft gar nicht so aussehen, wie sie jetzt aussieht. Wir sind Umweltschützer. Aber mit den Bestimmungen ist das nicht immer einfach für uns. Die werden deutschlandweit einheitlich gemacht. Im Frühjahr müssen wir zum Beispiel unsere Wiesen walzen, aber von April an dürfen wir nicht mehr walzen. Das ist ein Problem, denn da liegt ja hier bei uns oft noch Schnee. Aber es gibt da keine Ausnahmen. Das ist schwierig zum Handhaben.

Wir sind gern Landwirte. Jeder Mensch braucht Kleidung und Nahrung, und beides hat doch immer mit der Landwirtschaft zu tun. Unser Betrieb hat Zukunft, weil wir viel Fläche haben. Um die 50 Hektar Grünland, 25 Hektar Wald, und dann kommen da noch 5 Hektar Almfläche dazu und über 200 Hektar Weiderecht in einem Naturschutzgebiet, das ist eine Hutungsfläche. Die schließt direkt an unseren Hof an. Da gibt es eine bestimmte Pflanzenart, die soll nur hier vorkommen, weil unsere Tiere beim Trinken am Bach die Erde umwühlen. Dadurch, dass unsere Viecher dort weiden und zum Bach gehen, wird das Gelände für bestimmte Arten frei gehalten. Wir bekommen eine Förderung dafür, dass wir das Gelände nicht düngen und nur einmal im Jahr mähen.

Wir jammern nicht, uns gefällt die Landwirtschaft und wir mögen unsere Arbeit. Wir könnten es uns mit Sicherheit ruhiger machen. Beim Stallbauen, da war es so: Mein Schwiegervater hat selbst eine große Landwirtschaft und einen Baggerbetrieb. Der war immer da zum Helfen, und der Schwager auch, er ist gelernter Maurer. Das hat super funktioniert. Und auch die Brüder. Meine Mutter hat alle Arbeiter versorgt. Und auch die Schwester und die Mutter von der Burgi haben mitgeholfen, alle. Wir haben ja wirklich sehr viel selber gemacht. Aber da hängst' schon dran. So ein Dreivierteljahr sind wir auf dem Zahnfleisch gegangen. Wir haben da ja sogar zwei Baustellen gleichzeitig gehabt, oben im Haus und unten den Stall. Wir haben uns zum Ziel gesetzt, dass wenn wir heiraten, alles fertig sein muss. Das war schon manchmal ganz schön verrückt. Und die kleine Burgi war ja auch schon da.

Man muss ständig investieren, um den Betrieb weiterzuentwickeln. Vor dem Stall haben wir gerade den Hof befestigt. Und im letzten Jahr die Ferienwohnungen renoviert. Das ist ein Standbein. Da haben wir alle Böden selbst verlegt, mit demselben Boden wie bei uns oben. Jetzt gerade bauen wir zusätzliche Liegeplätze, damit wir die jungen Kühe, die ihr erstes Kalb bekommen, mit in die Herde nehmen können.

Meinen Landwirt habe ich in Rosenheim gemacht. Ich habe erst ein Jahr Berufsschule und dann zwei Jahre Fremdlehre absolviert. Als mein Vater plötzlich verstarb, war ich einundzwanzig Jahre alt. Meine Mutter und ich haben den Betrieb allein weitergeführt. Seitdem bin ich nun Betriebsleiter. Vorher war ich zwei Jahre lang Betriebshelfer, da nimmst du viel Erfahrung mit. Sachen, wo du denkst, das mache ich nie so, und anderes, das einfach praktisch ist. Es war hochinteressant für mich.

Meine Frau kümmert sich um die Kühe. Ohne sie könnte ich den Betrieb nicht führen. Und auch die Mutter hilft bei der Arbeit im Stall. Wenn wir Bettenwechsel haben, und es wird stressig für die Burgi, dann können wir die Kleinen zur Oma geben. Wir haben um die fünfzig Milchkühe und das Jungvieh. Neunzehn sind auf der Alm, und unten sind zwölf Kälber. Zusätzlich zur Viehwirtschaft betreibe ich noch einen Gewerbebetrieb, ich biete Lohnarbeiten mit unseren Maschinen für andere Bauern an und arbeite im Winterdienst am Spitzing. Wir trocknen auch mit unserer Anlage Quaderballen auf Lohnbasis, damit erreichen wir eine sehr gute Heuqualität. Man gestaltet seinen Betrieb so, dass man sagt, man ist zufrieden. Jedenfalls mit dem, was möglich ist, nicht mit so utopischen Sachen. Der Stall muss sich schon rechnen. Der kostet achthunderttausend Euro, mit der Melkanlage. Da muss man sich schon ganz sicher sein, ob man das will. Und man hofft schon, dass der Betrieb später weitergeführt wird. Aber wir sind uns einig, dass wir nie unsere Kinder zwingen würden und sagen: »Du musst jetzt Bauer werden.« Aber so, wie's grad ausschaut, sind wir zuversichtlich. Unsere Kinder sind mit Freude dabei. Die Tochter hat ihr Pony und den Esel, und wir sagen dann schon zu ihr: »Jetzt versorgst du sie auch. Wenn du die Tiere haben möchtest, dann hast du auch die Verantwortung.«

Mit den Kühen ist es schon interessant, manche kommen gleich, und die anderen brauchen ewig, das ist wie bei den Menschen. Jede Kuh hat da so ihren eigenen Charakter. Die Stierkälber holt bei uns ein Händler ab. Das ist bei uns noch ein Problem. Ich bin ja im Grunde total gegen den Export. Unsere Kälber werden in Deutschland großgezogen, und ich hoffe auch, dass sie in Deutschland geschlachtet und dann erst exportiert werden. Doch so genau können wir das gar nicht mehr nachvollziehen. In der Region haben wir zu wenige Betriebe, die uns die Bio-Kälber aufziehen. Aber der Transport taugt mir gar nicht, dass die so lange gefahren werden, das ist nicht richtig.

Für die Heumilchproduktion wären wir mit der Heutrocknungsanlage eigentlich gerüstet, aber uns fehlt der Lagerraum, in dem wir große Heumengen trocken über den Winter bringen. Für die drei oder vier Cent, die wir mehr kriegen bei der Heumilch, rechnet sich das für uns nicht. Das Heu, das wir lagern können, reicht nicht. Fünfzig Kühe fressen ja große Mengen über den Winter. Die Siloballen können wir draußen im Hof lagern. Jeder muss für sich rausfinden, wie er das macht, wie viel man investieren kann. Und ich denke, wenn ein Bauer Heumilch macht, wird das schon zu ihm passen.

Unsere Uri, die Uroma, ist im vorletzten Frühjahr gestorben. Sie war viele Jahre lang ein schwerer Pflegefall, und da haben wir alle zusammen geholfen. Die Oma nicht hier zu behalten, das war für uns nicht möglich. Sie gehörte einfach auf den Hof, das kann man gar nicht anders beschreiben, und das meiste hat dann meine Mutter gemacht. Die Bauern haben die Altenteile am Hof, und ich finde das eigentlich sehr schön. Das war schon eine anstrengende Zeit, aber in ein Heim wollten wir sie nicht schicken, das war eben nicht denkbar.

Wegfahren und Urlaub machen, ist bei uns eigentlich nicht so leicht möglich. Mit den Tieren und der Holzgasanlage müsste ich einen Betriebshelfer erst mal eine Woche anlernen, so leicht funktioniert das nicht. Zweimal waren wir schon im Urlaub, in Italien, so drei Tage. Und ehrlich gesagt kann ich mir nicht vorstellen, vierzehn Tage auf der Stelle zu hocken. Ich seh da zu wenig. Mir ist der Berg lieber, als jeden Tag auf den Sandstrand zu schaun.

Bei uns ist jeder Tag durchgeplant. Da darf nicht so viel dazwischenkommen. Obwohl eigentlich immer was dazwischenkommt. Gestern hatten wir einen Defekt an der Holzvergasungsanlage, da brauchten wir ein Ersatzteil, und der Bruder ist dann nach Neufahrn in Niederbayern gefahren, um es zu holen. Und ich hab dann halt geschraubt bis abends.

Der Hof »Bauer in Trach« liegt im Leitzachtal. Zum Laufstall gehört ein Auslauf, doch die Tiere kommen auch auf die angrenzende Weide.

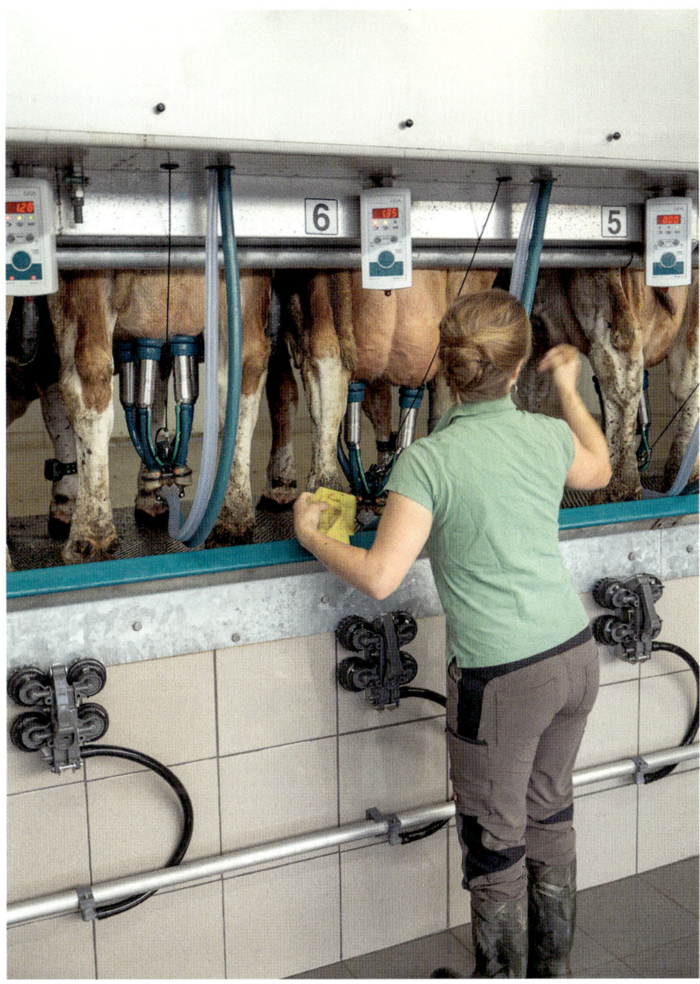

Morgens und abends wird gemolken. Die Estners nutzen eine halbautomatische Melkanlage. Mit der Gülle wird das Grünland gedüngt. Die Hackschnitzel werden für die Energieversorgung genutzt.

Burgi Estner ist elf Jahre alt. Sie kennt jede Kuh in der Herde und versorgt gern die Kälber, ihren Esel und ein Pony. Ihre Großmutter Renate hilft ebenfalls mit im Stall und kultiviert den Gemüsegarten. Nach dem Melken werden die Milchkühe mit Heu und Silage gefüttert.

Bauer in Trach, Fischbachau, Trach, Familie Estner

Milchkühe, Miesbacher Fleckvieh	53
Jungvieh	31
Grünland	50 ha
Almfläche	5 ha
Weiderecht	200 ha
Wald	25 ha

Rixner

Schliersee, Fischhausen Familie Gerold

Maria Gerold: Zuerst habe ich Hauswirtschaft gelernt. Bei uns in der Familie hieß es: »Landwirt ist ein Männerberuf.« Aber ich arbeite gern mit den Kühen und habe beschlossen, doch Landwirtschaft zu lernen. Bei uns waren achtzehn Jungen und drei Mädchen in der Klasse. Ich mag alles, was mit den Tieren zu tun hat. Jede Kuh ist anders, hat andere Bedürfnisse. Mein Bruder ist Landschaftsgärtner. Unser Betrieb wird im Nebenerwerb geführt, als Haupterwerb ist er zu klein. Deshalb sollte mein Bruder noch etwas anderes lernen. Wir haben fünfzehn Milchkühe und die Nachzucht, das sind noch mal so fünfzehn Stück Jungvieh. Mein Vater hat einen Baggerbetrieb, und er macht auch Winterdienst. Wir hängen an den Tieren. Der Hof steht schon seit 400 Jahren so da. Die Landwirtschaft war auch immer schon da, man hat sein Herz drangehängt. Man möcht's halt weiterführen.

Auf der Landwirtschaftsschule hat mir alles Spaß gemacht. Da habe ich's halt von Grund auf gelernt und auch, einfach mal was zu hinterfragen. Wir wurden auf Situationen vorbereitet. Wenn man zum Beispiel zu viel Kraftfutter füttert, kann der Pansen übersäuern. Oder beim Grünland, wie man das Unkraut bekämpfen kann oder gar nicht erst kriegt, haben wir gelernt. Wir hatten ein Fach, das hieß »Biologie und Umwelt«, da lernt man die Bioverbände kennen und was es heißt, biologisch zu wirtschaften. Was ein Biobauer darf und was nicht, und wir haben auch über Monokultur und Fruchtfolgen gesprochen. Also da gab es Themen, die ich gar nicht kannte, oder über die ich einfach nicht so nachgedacht habe. Manchmal denkt man eher, es geht ja so auch. Mein betriebliches Lehrjahr habe ich beim Moar-Hof in Holzkirchen gemacht, das hat mir gut gefallen. Ich habe mir überhaupt schon viele Höfe angeschaut, um zu sehen, wie sie arbeiten. Zurzeit arbeite ich bei uns am Hof, dann noch als Betriebshelferin in Holzham und auch in der Gastwirtschaft, jeweils so ein Drittel. Ich würde auch gern noch meinen Meister machen.

Bei uns gehen die Kühe jeden Tag raus und rein, also den ganzen Sommer über. Das ist uns ganz wichtig. Heuer war's recht spät, dass wir die Kühe rausgelassen haben, Anfang, Mitte Mai. Das geht dann bis November. Die Kalberl gehen den Sommer über auf die Obere Firstalm, an der Brecherspitz. Da ist ganz schön viel Tourismus inzwischen. Die Kuh ist ja von sich aus träge und nicht so aufgeregt wie ein Pferd, die dreht sich höchstens mal weg. Unsere Kühe kennen es, gestreichelt oder am Kopf berührt zu werden, das sind sie gewohnt. Von daher habe ich keine Angst, dass jetzt eine mal so drauflos geht. Aber man sieht öfter Leute, die gehen einfach mit dem Hund zur Kuh, das ist gar nicht so ungefährlich. Einen Hund kennen unsere Kühe nicht, das sind sie nicht gewohnt. Oder Leute, die ein Selfie mit der Kuh machen. Die hocken sich dann neben ihren Kopf. Das finde ich ehrlich gesagt unverantwortlich. Die braucht ja bloß irgendwo eine Fliege haben und mit dem Kopf schütteln, und dann haut's ihnen die Hörner drauf. Dann heißt's: »Der Bauer ist schuld.«

Die Wölfe können von mir aus wieder weiter. Die brauchen wir hier nicht. In der Leonhardikapelle kann man sehen, wie froh die Leute früher waren, als die Wölfe weg waren. Das wurde dort niedergeschrieben. Es heißt auch immer, die Schafe und Kühe sollen raus und nicht im Stall stehen und das schönste Leben haben. Das ist so diese Idylle, die man sich als Stadtmensch vorstellt. Aber das ganze Tierwohl funktioniert nicht, wenn da eine Gefahr draußen rumläuft, die mir die ganzen Viecher bedroht. Und die Tiere, die der Wolf reißt, die sind auch nicht sofort tot, die leiden sehr. Als Bauer versucht man das ganze Jahr über, dass das Tier nicht leidet. Und ein Zaun ist gleich gar keine Lösung, denn dann kann man sich ja auch davon verabschieden, dass man den Berg raufgeht. Dann kommt da ja keiner mehr durch.

Die Almwirtschaft ist schon etwas Besonderes. Mit den Viechern da hochzugehen, ist einfach schön. Wir pflegen auch die Kulturlandschaft damit. Sodass dort auch gewandert werden

Franz Gerold und seine Tochter Maria Gerold. Der Rixnerhof gehört zu den ältesten Höfen am Schliersee und wurde bereits 1474 urkundlich erwähnt. Der Hofname geht auf die Erstbesitzer zurück. Die Familie Gerold hält Kühe, Pferde, Schafe und bietet Ferien auf dem Bauernhof an.

kann und die Leute sehen, wie schön diese Landschaft ist. Und auch für die Viecher ist das schön, die können überall hingehen und ihr Leben leben, wie sie es wollen. Man sieht halt einfach, dass es ihnen taugt. Und auch ihr Fleisch ist ganz anders als das von Tieren, die einfach nur gemästet werden. Jeder Bauer hat seine eigene Einstellung, die meisten haben's ja auch von Kindheit an gelernt. Da kommt's halt immer drauf an, wie's der Papa gelernt hat, und die Mama, wie die es macht. Jeder Bauer macht's anders. Bei uns wird sehr auf die Maschinen und auf die Tiere geachtet. Das geht auch gar nicht anders mit den Feriengästen. Da kann man keinen Saustall ums Haus herum haben.

Der Papa mag die Viecher, aber auch seinen Bagger, und er mäht auch gern die Wiese. Jeder macht halt das, was er gern mag. Der Opa und die Tante versorgen die Pferde – die sind grad auf der Alm am Sudelfeld – und die Schafe. Mein Bruder Franz hilft viel mit, vor allem ab freitags, denn da hat er frei. Er geht gern in den Wald, schneidet 's Holz, das ist so seins. Wir haben 42 Hektar Grünland mit Pachtfläche und den Wald. Für die Gäste ist die Oma zuständig. Heute war Wechseltag, da helfen dann beim Saubermachen alle zusammen. Und die Alm mit dem Café, die Rixneralm, haben wir verpachtet, weil meine Tante ihr Kind versorgen muss. Meine andere Tante backt jetzt die Kuchen für das Café. Meine Mutter hat Hauswirtschaft gelernt. Sie macht den Garten und natürlich die Kühe und kocht wahnsinnig gern. Das ist schon gut mit den Eltern, ich kann sie immer fragen, wenn ich etwas nicht weiß. Und den Milchverkauf macht meine Mutter auch. Dadurch kommen die Leute und schaun sich um bei uns.

Der Druck von den Molkereien ist hoch. Wir haben Kombinationshaltung, da gibt es einen kleinen Aufschlag auf den Milchpreis. Beim Laufstall mit Weidegang wären das sogar vier oder fünf Cent, das ist viel. Wir wollen gern einen Laufstall bauen, den Platz dafür haben wir.

Eine Kuh hat auf der hofnahen Weide gekalbt. Weil es ihr erstes Kalb ist, bleiben Franz und Elfriede Gerold bei ihr, schauen, ob sie es nach der Geburt gut versorgt, und bringen es später zum Stall.

Der Altbauer Franz Gerold Senior spannt die Kaltblüter an. Elfriede und Franz Gerold bei der Leonhardifahrt in Fischhausen. »Die fünfte Jahreszeit« nennen die Bauern diese Zeit Anfang November, zu der alle Familienmitglieder für die Wallfahrt zusammenkommen. Ungefähr vierzig Fuhrwerke fahren von Schliersee nach Fischhausen und werden vor der Leonhardikapelle gesegnet.

Rixner, Schliersee, Fischhausen, Familie Gerold	
Milchkühe, Miesbacher Fleckvieh	15
Jungvieh	25
Pferde, Süddeutsches Kaltblut	3
Schafe	10
Grünland	42 ha
Pachtalm	
Wald	11 ha

Beim Sonnenstatter

Schliersee
Familie Hirtreiter

Martin Hirtreiter: Als ich acht Jahre alt war, standen die Kühe bei uns noch im alten Stall. Da gab's zur Küche hin nur eine zwei Zentimeter dicke Holztür, und wenn die offen stand, schauten wir von der Küche schon auf die Kühe. Heute noch erinnert mich der Haken in der Küche an das Melkgeschirr, das immer daran hing. Meine Großeltern hatten das Glück, ein angrenzendes Grundstück kaufen zu können, auf dem mein Vater dann 1992 einen neuen Stall baute. 1984 hatte mein Vater eingeheiratet. Nach heutigen Maßstäben sind wir zu klein, um wirtschaftlich zu sein, aber mit dem Gesamtkonzept funktioniert's. Bei uns gibt's viel Handarbeit, denn unsere Grünflächen, das sind 28 Hektar, liegen auf 35 Feldstücke verteilt. Nur durch das Zusammenspiel mit der Vermietung der Zimmer und Ferienwohnungen können wir unsere Landwirtschaft betreiben.

1973 hat mein Großvater den ersten Traktor mit 38 PS, den wir heute noch fahren, angeschafft. Große Maschinen lohnen sich nicht auf so einem Hof, bis heute nicht. Die meisten Bauern in unserer Region haben eine anerkannte Alm, auf der das Jungvieh im Juni aufgetrieben wird und im September wieder nach Hause kommt. Wir hingegen haben mehrere Heimweiden, die wir alle einzäunen, und dann müssen wir unser Jungvieh wöchentlich umtreiben. Viele Nachbarbetriebe haben inzwischen nur noch Jungvieh.

Unsere gesamte Milch wird bei uns am Hof verarbeitet. Die Milch, die nicht von meiner Mama zu Topfen, Joghurt und Mozzarella verarbeitet wird, kommt in die Zentrifuge. Die trennt Rahm und Magermilch. Mit der Magermilch füttern wir unsere Schweine und aus dem Rahm machen meine Frau und meine Mama Butter. Alle unsere Produkte werden direkt an unsere Gäste vermarktet, und da sind wir auch sehr stolz drauf. Aber die Arbeitszeit, die da drinsteckt, darf man nicht wirklich rechnen, sonst lässt man es lieber. Genau wie bei der Almfläche am Schliersberg, die hat mein Urgroßvater noch trockengelegt. Billiger als da tagelang rumzumähen, wär's, ein paar Heuballen zu kaufen. Aber wir pflegen so auch ein Stück Kulturlandschaft, und das ist uns wichtig. Eigenen Grund und Boden, der von den Vorfahren urbar gemacht worden ist, hegen und pflegen, das ist für uns Freude und Tradition.

Ein Stück Land herzugeben, damit die Arbeit am Hof leichter hergeht, ist für die meisten Bauern undenkbar. Ein Hof ist nur zu bewirtschaften, wenn er Land hat. Wenn du Land hergibst, kriegst du es wahrscheinlich nie wieder, und dann ist Schluss. Spätestens in der nächsten oder übernächsten Generation geht dann nichts mehr. Landwirt ist nicht nur ein Beruf, sondern eine Lebensform. Die kann man nur schaffen, wenn man die Leidenschaft dafür hat, ansonsten wird man nie glücklich oder zufrieden.

Übernehmen, weiterführen, übergeben. So funktioniert das in der Regel immer noch. Als Bauer macht man sich Gedanken über die Zukunft und die nächste Generation. Die Investitionen, die ja meistens sehr kostspielig sind, müssen wir wirklich gut überdenken. Aber die sind wichtig für die Zukunft des Betriebes. In normalen Familien kann gewöhnlich jeder für sich entscheiden und machen, wie er will, aber in einer Bauernfamilie leben meist drei bis vier Generationen zusammen, da ist das anders. Der eine war Bauer, der eine ist Bauer und der dritte wird Bauer, da heißt es oft, sehr tolerant zu sein, vor allem in der Familie.

Bauer sein, das ist keine Entscheidung, da musst du reinwachsen, das musst du spüren. Vielleicht noch nicht als Kleinkind, da weißt du ja noch nix, aber spätestens nach der Pubertät war das bei mir klar. Da brauchst du dich nicht fragen, ob du das machen willst, das weißt du dann eben einfach. Hier am Hof bin ich aufgewachsen, und ich bin ein Teil davon. Auch wenn ich Zimmerer gelernt und mich selbstständig gemacht habe. Es ist ein tolles Gefühl, wenn man weiß, dass man seine Familie zum Großteil selbst ernähren und sich helfen kann.

Therese Hirtreiter; Marlene und Martin Hirtreiter mit Xaver. Ihren Betrieb führt die Familie Hirtreiter als »Selbstversorger-Hof« mit Kühen, Pferden, Gänsen und Schweinen. Die hofeigenen Produkte werden vor allem für die Gäste produziert.

Vorausgehende Doppelseite, links: Die Mahdwiese der Sonnenstatteralm liegt auf 1000 m ü. NHN. Sie wird einmal im Jahr gemäht und ab September beweidet.

Therese Hirtreiter: Unsere Gäste sind die Abnehmer der Hofprodukte, das funktioniert sehr gut. Ich fühle mich nicht so als Bäuerin, eher als Gastronomin. Mein Mann und ich haben beide Hotelwirtschaft gelernt. Für uns kommen die Gäste zuerst. Für manche Bauern sind die Gäste ein Zubrot, das ist bei uns anders. Aber wir lieben auch die Landwirtschaft, ohne können wir's uns gar nicht vorstellen. Der Sohn mag das auch. Martin hat einen landwirtschaftlichen Kurs gemacht. Was die heute an der Schule lernen, hat mit unserer Landwirtschaft nicht viel zu tun. Da muss ich mich schon wundern. Da spielen nur noch die Zahlen eine Rolle. Unseren Kindern haben wir anderes vermittelt, seit sie klein waren: die Wertschätzung der Natur und der Tiere, allem gegenüber. Es lässt sich schwer erklären, das muss man halt leben. Der Großvater hat hier oben noch die Milchkühe raufgetrieben und gemolken. In zwei Wochen hatten die das abgeweidet, dann hat er sie wieder runtergebracht. Ganz früher war das hier eine Streuwiese. Als ich klein war, war die Weide noch voller Hügel und Kuhgangeln und Gestrüpp. Wir haben angefangen, die Fläche zu schwenden und zu mähen, das war viel Arbeit, bis das so aussah wie jetzt. Mein Mann hat's zuerst noch mit Mist gedüngt. Aber vor drei Jahren haben wir damit aufgehört. Jetzt blüht es hier ganz anders, es ist eine artenreiche Mahdwiese. Mit dem Spezialfahrzeug zum Mähen ist es einfacher geworden, sie zu pflegen. Es ist dasselbe Fahrzeug, das die Bauern in Südtirol benutzen. Wir mähen die Wiese nur einmal im Jahr, im Juli, und so gern fressen die Kühe dann das Heu auch gar nicht, das ist sehr grob, und wir müssen es ihnen schmackhaft machen. Ab September wird die Wiese dann abgeweidet. Besonders wirtschaftlich ist der Flecken hier oben nicht. Aber wir mögen's halt so. Mit der Alm, die wir vermieten, ist es schon sehr schön hier oben.

Martin Hirtreiter bei der Heuernte. Kaspar Hirtreiter versorgt die Milchkühe und das Jungvieh.

Kaspar Hirtreiter: Ich bin als Nichtbauer geboren. Die Bauernkinder blieben unter sich, als ich ein Junge war, das war eine völlig andere Umgebung. Meine Frau Therese und ich betreiben den Hof gemeinsam, ich habe eingeheiratet. Unsere Kinder wuchsen mit all dem auf, mit dem Hof, mit den Viechern, und immer auch mit den Gästen. Da lernt man dann doch mal andere Perspektiven kennen. Das Selbstwertgefühl hängt hier auf dem Land schon von der Tradition ab. Wir haben sechs Milchkühe. Die Milch brauchen wir für die Gäste, und wir stellen auch Butter und Mozzarella her. Seit zwanzig Jahren sind wir ein Biobetrieb. Es ist gewollt, dass die Kinder, die hier Urlaub machen, auch immer in den Stall kommen dürfen. Sie sind ja ganz verrückt nach Tieren und fragen ständig alles. Ich muss dann beim Melken immer auf die Viecher und auf die Kinder aufpassen, dass denen nichts passiert, sie nicht aufs Heu treten. Die Kühe fressen das dann nicht mehr. Bei uns kommen viele Familien jeden Sommer für ein paar Wochen, einige seit Jahrzehnten. Da entstehen richtige Freundschaften. Manche helfen mit. Einen Vater haben wir, den kann ich allein melken lassen, der liebt das, ein Arzt aus Hamburg. Da kann ich aus dem Stall gehen, wenn er übernimmt. Aber das ist eine Ausnahme. Im Herbst bin ich dann auch wieder froh, wenn ich mit den Kühen morgens allein bin, da spürt man die anders und ist auch mehr bei sich.

Unsere Grünflächen sind die Ecken im Ort, die die anderen Bauern nicht mehr bearbeiten wollen, weil das zu viel Arbeit macht. Deshalb müssen wir die Kühe auch einen längeren Weg treiben morgens, das kostet Zeit. Wenn der Martin übernimmt, nehm ich die Pferde und wandere mit ihnen über die Alpen. Den Appaloosa zum Reiten, das andere ist das Packpferd. Ich habe sie aus Italien geholt, sie wurden auch dort ausgebildet. Ich lerne jetzt schon reiten. Man muss ja immer so eine Vorstellung haben, was einem noch wichtig ist.

Fischhausen, Leonhardifahrt

Beim Sonnenstatter, Schliersee, Familie Hirtreiter

Milchkühe	6
Jungvieh und Ochsen [Miesbacher Fleckvieh, Tiroler Grauvieh]	28
Gänse, Hühner, Enten	
Pferde	6
Schweine	2
Grünland	28 ha
Wald	15 ha

Maier

Zum Dersch

Rottach-Egern, Ellmau Familie Maier

Anton Maier: Dreizehn Jungkühe sind noch auf der Sieblalm, da muss ich nachschaun. Dort ist momentan jeden Tag der Zaun wegen dem Wild kaputt. Das hatten wir schon lange nicht mehr so wie heuer. Gestern habe ich ihn eine halbe Stunde lang geflickt. Die Kühe sind jetzt auf der Wechselalm. Die jungen sind draußen, aber die großen habe ich heute tagsüber im Stall gelassen. Bei dem schlechten Wetter habe ich, wenn ich sie da rauslasse, um den Stall herum nur noch Batz. Nächste Woche sagt er schöner an, dann kommen sie auch tagsüber wieder raus. Diesmal haben wir das Vieh am 21. Mai hoch gebracht, am Pfingstmontag sind sie rübergekommen zur Sieblalm. Das kann immer unterschiedlich sein. Wann wir die rauftreiben, hängt von der Vegetation ab, aber so früh wie heuer war's selten.

Mit dem Wolf ist für uns noch gar nichts geklärt. Momentan darf er nicht gejagt werden. Aber wir kämpfen gegen seinen Schutzstatus. Bei der Almbegehung hatten wir den Ministerpräsidenten Dr. Söder hier. Der hat zugesagt, sich darum zu kümmern. Aber das wird noch dauern. Es heißt, wir müssen zwei Seiten zufriedenstellen, doch beim Wolf geht das eben nicht. Einer der Jäger hat letzte Woche einen gesichtet. Aber es ist doch so: Mit dem Wolf verlieren wir so viel Kulturlandschaft und so viel Natur. Die Almgebiete werden als Futtergrundlage entfallen. Und ohne Almpflege geht auch der Artenreichtum verloren.

Die Helena ist auf der landwirtschaftlichen Berufsschule, einmal in der Woche, im dritten Lehrjahr, und in einem Lehrbetrieb in Krün. Anna, die Älteste, kennt sich wirklich gut aus, und Antonia und Sophie auch. Die Töchter helfen gern mit. Wir wissen noch nicht, wer das mal alles übernehmen kann. Es ist schwierig, sich darauf festzulegen, das hängt von vielen Dingen ab. Unsere Mädchen haben alle die Fähigkeiten, dass sie das machen können, ja. Vielleicht können sie da auch was zusammen machen, das weiß ich nicht. Das ist ja sehr umfangreich. Mein Zeitaufwand ist hoch, fast nicht zum Nachmachen. Es ist ja in der heutigen Zeit nicht mehr ganz normal, was wir an Arbeit investieren. Wir arbeiten eigentlich immer, jeden Tag in der Woche. Einen freien Tag gibt es nie wirklich. Wenn ich mal sage, dass ich heute nix getan habe, dann habe ich trotzdem in der Früh und am Abend den Stall gemacht, mit insgesamt fünf bis sechs Stunden. Das ist es eben. Im April waren wir ein paar Tage weg, in Rohrdorf. Dort hatten wir eine Sitzung zur Almwirtschaft, und dann haben wir in Oberndorf die Kapelle besucht. Die, wo das Lied »Stille Nacht, Heilige Nacht« entstand. Das habe ich mir schon lange gewünscht. Dann waren wir noch in Salzburg. Die Antonia war auch dabei. Die großen Mädchen haben den Stall gemacht, sie schaffen das schon für ein paar Tage. Aber länger ist es zu anstrengend.

Seit Januar sind wir bei der Berchtesgadener Molkerei. Aber der Milchpreis ist ja gerade bei den guten Molkereien niedriger als auf dem Spotmarkt, wo die Überschüsse gehandelt werden. Was die Molkereien nicht gebrauchen können, verkaufen sie weiter. Die Milch ist jetzt so gefragt, weil es gerade so wenig gibt und keine mehr über ist. Der Spotmarktpreis ist momentan so hoch, dass die Molkereien manchmal ihre Milch gar nicht selbst verarbeiten, sondern lieber weiterverkaufen. Das ist mir nicht ganz klar, wie das klappt, aber anscheinend geht das. Ich weiß nicht, wie's da weitergeht. Die Milch ist so wenig geworden, weil einfach viele mit dem Milchvieh aufgehört haben. Ja, so geht's dann.

Die Pläne für den neuen Stall hatten wir schon eingereicht, aber sie wurden abgelehnt, und seitdem liegen die in der Schublade. Mit dem Stall sollte das für die Jungen schon ein bisschen leichter werden. Und jetzt ist das Bauen so teuer geworden und alles andere auch, nun geht das einfach gerade nicht. Die Arbeit machen wir gemeinsam. Natürlich, für die landwirtschaftliche Arbeit bin hauptsächlich ich zuständig. Das alles geht nur mit viel Arbeiten. Wer einen neuen Stall hat, der tut sich schon viel leichter, und auch die Melkroboter kommen ja. Das spart Arbeit, aber es kostet auch viel Geld. Das muss alles auf den Liter Milch umgerechnet werden. Und mit so einem Melkroboter musst du halt immer erreichbar sein. Wenn da ein Fehler wäre, musst du hin. Ich kann auch nicht sagen, ob unsere Milchkühe immer auf der Alm bleiben. Jetzt schon, aber wenn die Jungen einmal dran sind, dann werden wir sehen. Ich selbst habe gar nicht so viel anders gemacht wie der Vater. Wir haben schon modernisiert, aber im Prinzip ist es nicht so viel anders. Wir haben mehr Milchkühe als früher. Auf der Sieblalm konnten wir durch die Almpflege den Grasnachwuchs erhöhen. Die Almhütte haben wir hergerichtet, das war ganz schön viel Aufwand. Und so schön sie ist, sie ist nicht mehr ganz zeitgemäß. Vielleicht war es ein Fehler, vielleicht hätten wir sie damals erneuern sollen. Aber im Nachhinein ist man immer gscheiter.

Wir haben's gut miteinander. Wenn wir abends so vorm Haus beieinanderhocken und zusammen Brotzeit machen, dann geht's uns schon gut. Und in diesem Sommer sind wir da oft gehockt, das waren viele solche Abende. Das war schön. Was die Töchter mal anders machen werden, kann ich gar nicht sagen. Es kann sein, dass wenn sie übernehmen und unten im Tal mal Flächen kriegen, sie die Kühe nicht mehr auf die Alm treiben, sondern nur noch das Jungvieh. Dann ist das so. Aber so wie jetzt würden die Flächen hinten und vorne nicht langen. Da brauchst du schon viel Land, gell. Heuer sind wir insgesamt 147 Tage auf der Alm. Das bedeutet alles Grünfutter, das musst du dann unten erst mal herkriegen.

Den Stall auf der Wechselalm haben wir 2014 gebaut, acht Jahre ist das schon wieder her. In so einem neuen Stall geht sich das schon leichter aus. Wir haben nie Land verkauft, sondern eher was dazu bekommen. Der Opa hat die Alm oben zugekauft. Die gehörte ganz früher zum Hof, das weißt du ja, und wurde dann verkauft durch eine Erbengemeinschaft. Der Großvater hat sie 1952 zurückkaufen können. 1980 haben wir den großen Stall unten gebaut, das hat ja auch alles sehr viel Geld gekostet. Da hab auch ich noch ein bisschen was mit abgezahlt.

Schau her, alles jammert wegen dem Gas, und das ist schlimm, aber so viel macht uns das jetzt nix. Wir heizen eh mit Holz. Gut, das Auto fährt nicht von allein, und in so einen Traktor, da läuft schon was rein. Ja, wenn's nicht zufrieden bist, dann hilft's auch nix. Du hast immer mal einen Tag dabei, wo du denkst: »Ach, das läuft nicht.« Das hat aber jeder. Andererseits fährst du in der Früh um halb sechs auf die Alm, bist allein oder zusammen mit dem Vater oder der Frau, wer halt gerade mit zum Melken kommt, und du bist in der Natur, und die anderen sind in der Stadt. Vorgestern war ich in der Stadt, beim Eishockey haben wir Goaßl gschnalzt, in der Olympiahalle. Das findet immer zur Wiesnzeit statt. Aber wenn du dann so die Stadt anschaust, das ist nix für mich. Ich hab nachgedacht, wann ich das letzte Mal in München war, ich weiß gar nicht mehr, das muss schon ein paar Jahre her sein.

Wenn man einen Laufstall hat, dann ist die Arbeit schon leichter. Natürlich muss man da auch schaun, ob alles passt, ob eine Kuh stiert. Bei uns bin ich spät abends noch mal mindestens eine halbe Stunde draußen, zum Saubermachen. Damit die Kühe am nächsten Tag halbwegs sauber sind. Der Aufwand ist einfach ungleich mehr. Wenn wir eine Gemeinderatssitzung haben und die anderen bleiben nachher sitzen, dann geh ich noch mal in den Stall. Das zehrt an einem schon mit der Zeit. Für viele ist das Arbeiten heute ja nur eine Pflicht. Etwas, das sein muss, aber die Freizeit ist das Wichtigste. Ein jeder Landwirt wird zu viel arbeiten. Die Viehwirtschaft ist immer arbeitsintensiv.

Man kann es auf der Alm so machen oder anders, dann muss ich halt ein bissl weniger Unkraut wegmachen, dann hab ich's auch einfacher. Natürlich, man kann alles. Aber für uns ist das Ganze wichtig. Auch die Tradition. Wer erhält die Traditionen heute noch? Das ist doch vor allem das bäuerliche Volk. Egal, ob es die Leonhardifahrt ist oder irgendwelche kirchlichen Anlässe. Wer geht denn die Prozessionen noch mit? Doch vor allem die, die damit verbunden sind. Die Viehwirtschaft und die Landwirtschaft und die Landschaft, das ist doch eins.

Bei den Förderungen muss man immer den ganzen Betrieb sehen. Aber 2019 haben sie die Almwirtschaft und die Talbetriebe voneinander abgekoppelt. Auf der Alm gibt es den Höchstsatz der Ausgleichszulage für Bergbauern, das sind 200 Euro pro Hektar. Wir haben andere Bedingungen als im Flachland, wir können weniger Schnitte machen, und die Vegatationsperiode ist kürzer. Jetzt haben sich aber die Förderbedingungen für die Ausgleichszulage in den benachteiligten Gebieten geändert, und die Gelder wurden deutlich reduziert. Für unseren Betrieb gibt es jetzt ungefähr ein Drittel weniger als vorher.

Den Vertragsnaturschutz vom Landratsamt, den gibt's. Aber da falle ich zum Beispiel schon wieder raus. Weil ich die Kühe oben habe und man auf der Alm nicht düngen darf. Nur wenn die Kühe beim Grasen selbst düngen, wird das gefördert, aber nicht, wenn ich die Gülle im Stall auffange und dann verteile. Die Beweidung muss schon sehr extensiv sein. Da darf nichts zugefüttert werden und nichts gedüngt. Also vom Vertragsnaturschutz bleibt mir gar nichts. Und es ist auch so: Wenn ich meine Kühe oben auf der Alm habe, dann bekomme ich für den Liter Milch nicht mehr, als wenn ich sie unten im Laufstall habe und nicht rauslasse. Das muss man sehen.

Der Vater ist ebenfalls noch dabei, der hilft mit den Kutschfahrten. Die Pferdl sind ein wichtiges Standbein für uns. Die Coronazeit hat uns schon wehgetan. Sechseinhalb Monate durften wir nicht fahren, von Dezember bis in den Juni, da ist das Geld schon abgegangen. Und der Preis fürs Bauholz ist im Keller, nur das Brennholz ist grad gut. Heuer habe ich einen Heugreifer richten lassen. Da kommt jemand aus Ammerang. Es gibt nicht mehr viele, die das machen. Er hat den TÜV gleich mitgemacht, und das hat dann 800 Euro gekostet, brutal. Das ist

Der Altbauer Anton Maier Senior treibt die Kühe zum Melken in den Stall. Die Sieblalm liegt acht Kilometer vom Derschhof entfernt in der Valepp, unterhalb des Blankensteins, und wird vom Tal aus bewirtschaftet. Hier verbringen die Milchkühe die mittlere, warme Zeit des Sommers.

Vorausgehende Doppelseite, links: Die Familie Maier bewirtschaftet den Derschhof in der dreizehnten Generation. »Zum Dersch« wurde 1513 erstmalig urkundlich erwähnt und ist seit Mitte des sechzehnten Jahrhunderts in Familienbesitz. Bis 1803 wurde der Hof als Lehenshof des Kloster Tegernsees geführt. Das Hofgebäude wurde nach einem Brand im Jahr 1790 wieder aufgebaut.

Bis zu dreimal am Tag muss Toni Maier auf die Alm fahren, um das Vieh zu versorgen. Hier wird er von seiner Tochter Helena unterstützt, die auch den Zaun verlegt, um die Almweide einzuteilen.

nicht immer einfach. Es wird viel bestimmt, was du zu machen hast. Und alle meinen immer, sie wissen, wie's geht.

Bei uns in der Familie helfen alle zusammen. Ja, und begeistert sind sie auch. Das ja so ein Lebenswerk. Es ist schön zu sehen, wenn die Jungen so viel Interesse zeigen und sich einbringen. Wie es genau weitergeht, weiß man ja nicht. Aber ich denk mal, wenn sie ein bisschen Interesse haben, dann werden sie es nicht gleich hinten lassen. Genau gesagt, müssen sie schon ein massives Interesse haben, nicht nur ein bisschen. Aber die Jungen wissen ja jetzt manchmal schon mehr als ich, die können sich alles merken und das auch anders erklären. Ich hab schon zu viel im Kopf, da bleibt nicht mehr alles hängen. Das Merken hast du nicht mehr so wie früher.

Der Almabtrieb ist sehr wichtig für uns. Die Blumen und Almrauschkränze sind schon fertig. Die Wacholderbuschen holen wir am Montag, da ist ein Feiertag. Wenn wir keinen Almabtrieb machen können, geht es uns nicht gut. 2003 hat's im Herbst so stark geschneit oben, dass wir abgehauen sind. Da mussten wir zehn Tage früher runter von der Alm, und am Samstag vor Kirchweih hat uns was gefehlt. Beim Almabtrieb geht es nicht darum, dass wir groß was herzeigen müssen. Aber das ist einfach für uns das höchste Fest.

Die Milchkühe kommen im Sommer zuerst auf die niedriger gelegene Wechselalm, eine der wenigen Mahdalmen im Tegernseer Tal. Sobald im Juni genügend Weidegras auf der Sieblalm wächst, werden die Tiere umgetrieben. Das Ende der Almzeit, von Mitte September bis zum Kirchweihfest im Oktober, verbringen die Tiere wieder auf der Wechselalm, wo auch der Almabtrieb beginnt.

Die Maiers halten Miesbacher Fleckvieh und sind erfolgreiche Züchter. Neben der Belieferung einer Molkerei produziert Stefanie Maier Käse, der auf der Sieblalm gelagert und gepflegt wird. Ein weiteres Standbein des Betriebes sind Kutschfahrten, auf dem Derschhof gibt es fünf Süddeutsche Kaltblüter.

Anton und Stefanie Maier mit ihren Töchtern Anna, Antonia, Helena und Sophie, sowie mit den Eltern Anton und Corona Maier. Am dritten Samstag im Oktober, vor der Kirchweih, wird das Vieh zurück zum Hof in Ellmau getrieben. Aufgebuscht wird das Vieh nur, wenn es keine Verletzungen bei den Tieren gab. Zum Almabtrieb kommen alle Familienmitglieder und Freunde zusammen, um die Tiere zu schmücken und umzutreiben. Der Almabtrieb ist ein bedeutender Anlass für die Bauernfamilien, er trennt die Sommer- von der Winterarbeit und steht für die Arbeit eines ganzen Jahres.

Zum Dersch, Rottach-Egern, Ellmau, Familie Maier

Milchkühe	16
Pferde, Süddeutsches Kaltblut	5
Jungvieh	25
Grünland	14 ha
Almfläche	26 ha
Wald	35 ha

Ellmau, Almabtrieb
Nächste Doppelseite: Valepp, Wechselalm

Boar

Bad Wiessee, Holz
Familie Bogner

Markus Bogner: Wir haben die klassische Urproduktion: Gemüse, Obst, Fleisch, Getreide. Alles, was mit dem Boden, den wir haben, machbar und möglich ist. Eine kleine und vielfältige Bewirtschaftung. Wir streuen damit das unternehmerische Risiko und produzieren nur so viel, dass wir es auch sicher an den Endverbraucher bringen. Wenn ich Überschüsse an den Einzel- und Großhandel abgeben muss, zahle ich definitiv drauf. Je vielfältiger wir uns aufstellen, desto weniger Abfall produzieren wir. Bei uns wird alles genutzt.

Neben der Produktion haben wir die Veredelung. Ungefähr die Hälfte unserer Produktion verarbeiten wir. Was dazu führt, dass wir nichts wegschmeißen, nur weil es Normmängel hat. In der Veredelung stecken Gewinnsprünge drin, teilweise auch unerklärlich hohe. Wenn ich unser Getreide verkaufe, bekomme ich sehr wenig dafür. Brot daraus zu backen, lohnt sich für uns. Natürlich muss ich die Arbeit leisten können. Beides, das rohe Produkt und das veredelte, vermarkten wir am Hof, ungefähr zu gleichen Anteilen. Und dann haben wir noch das Hofcafé, wo wir Kleinstmengen nutzen können. Aus etwas Obst, das sich nicht lohnt, eingeweckt zu werden, können wir dort einen Kuchen anbieten.

Die Nachfrage nach gesundem Gemüse ist groß. Wir haben uns erst mit der Zeit getraut, mehr anzubauen, und dann einen Mitarbeiter dafür angestellt. Das war für uns die größte Herausforderung. Jeder Bauer muss ja sehen, was auf seinem Land funktioniert. Wir haben eben hier einen sonnigen Flecken, wo alles gut gedeiht, aber wir probieren auch viel aus. Und versuchen nichts wegzuschmeißen, zuletzt kann man dann die Schweine noch gut damit füttern.

Durch die vielen Gemüsesorten haben wir immer was blühen. Das fördert die Insektenvielfalt und auch die Vogelvielfalt. Die Vögel halten uns die Schädlinge weg. Wenn du ökologisch arbeitest, bedeutet das, du schaffst Rahmenbedingungen. Das System nimmt dir dann viel Arbeit ab, es schützt sich selbst. Wir sammeln keine Schnecken ab und brauchen auch keine Netze für den Kohlweißling. Vor Jahren haben wir aus Pragmatismus einen Weiher gegraben, einfach weil es eine hofeigene Quelle gibt, die wir nutzen wollten. Man hat ein Loch in den Boden gebohrt, und nach einem Jahr hat sich das Ökosystem im Nahbereich des Weihers vollkommen verändert. Die Enten brachten Pflanzensamen und Fischeier und Froscheier in ihrem Gefieder mit. Plötzlich hatten wir Fische und Schilf und Seerosen, Libellen und Wasserläufer. Das wiederum zog mehr Vögel an und Fischreiher. Die Bachstelzen halten den Weiher mückenfrei, und die Kröten kümmern sich um die Schnecken. Natürlich hast du das Froschgequake, das muss man mögen.

Das ist ein Grundproblem: Viele jammern, wenn was nicht funktioniert. Ich denke, wir müssen vor allem unsere Sichtweise verändern, die Dinge kann man nicht immer verändern. Wenn die Schnecken ein Riesenproblem sind, dann muss man die Lebensbedingungen für die Fressfeinde verbessern. Das sind Kröten, Ringelnattern und Igel. Bei uns ist es inzwischen so, dass wir denken: Hoffentlich haben wir immer genug Schnecken, damit wir die Fressfeinde ernähren können. Wir praktizieren Permakultur, das heißt, die Natur intensiv zu beobachten, natürliche Kreisläufe zu erkennen, und sich dieses Wissen dann nutzbar zu machen.

Wir benutzen samenfestes Saatgut. Das Biogemüse ist nicht gleichförmig, aber wir können es vermehren, das sind keine Hybriden. Bei uns muss nicht jede Karotte wie die andere aussehen, das wäre ja langweilig. Wir haben auch nicht zwei ertragreiche Tomatensorten, sondern zwanzig alte Sorten, die alle unterschiedlich aussehen und schmecken. Unsere Lebensmittel wollen wir nur in der Qualität abgeben, die wir selbst essen würden, weil wir sie auch als Medizin betrachten und den Anspruch haben, zur Gesundung der Gesellschaft beizutragen. Für uns war klar, als wir 2009 anfingen, dass wir einen Biobetrieb führen. Damals wurde gesagt, dass Biolandwirtschaft

Markus Bogner führt den Boarhof gemeinsam mit seiner Frau Maria nach den Prinzipien der Permakultur. In den unterschiedlichen Biotopen, die auf dem Boarhof entstanden, entwickeln sich zahlreiche Pflanzen- und Tierarten. Hier wird Gemüse und Obst kultiviert, es werden Rinder, Schweine, Gänse, Enten, Hühner und Bienen gehalten.

auf der gleichen Fläche weniger Ertrag bringt als konventionelle Landwirtschaft. Das hat uns zögern lassen. Aber dann haben wir schnell festgestellt: Das ist falsch. Das gilt nur, wenn Biolandwirtschaft die gleichen Mechanismen anwendet wie die konventionelle Landwirtschaft. In der industriellen Landwirtschaft wird viel zu viel Energie aufgewendet, um Lebensmittel herzustellen: für den Dünger, für Treibstoff und Futtermittel.

Ein gutes Ökosystem bedeutet Vielfalt. Es gibt Anbauformen, bei denen man in der Landwirtschaft mehr Energie erhält, als man reinsteckt. Die Nutzpflanzen in der Landwirtschaft bekommen nämlich zusätzlich zur Energie aus dem Boden auch die der Sonne. Die effizienteste Form, in der am wenigsten Energie aufgewendet werden muss, um den größten Ertrag zu bekommen, ist der Hausgarten. Und der hat zusätzlich noch eine extrem hohe Artenvielfalt. Das Problem ist nur, dass der mit Handarbeit funktioniert. Die haben wir in den letzten Jahrzehnten aus der Landwirtschaft verbannt, weil sie angeblich zu teuer ist. Gleichzeitig fördern wir die Marktstrukturen, die die Bauern dazu zwingen, ihre Produkte so billig wie möglich abzugeben. Wenn ich aber schaue, dass ich selbst die Vermarktung und die Veredelung übernehme, und schaue, dass ich das selbst an den Endverbraucher verkaufe und einen guten Preis für meine Produkte erziele – und damit meine ich nicht, dass wir sie hochpreisig verkaufen, sondern nur, dass wir den Gewinn auch wieder in den Anbau stecken können –, dann kann ich mir die teure Handarbeit wieder leisten.

Der Anfang von unserem Betrieb ging einher mit dem Aufbau der Naturkäserei, das war dieselbe Zeit, und da war ich auch im Aufsichtsrat mit dabei. In der Genossenschaft haben wir alles durchgerechnet, und ich habe das plötzlich verstanden: Wenn ich alles unter einem Dach halte, die Produktion und die Veredelung und die Direktvermarktung, hat auch ein kleiner Milchviehbetrieb plötzlich wieder eine Existenzgrundlage. Es war praktisch, dass ich diese Erkenntnisse gleich bei uns anwenden konnte. Den höheren Milchpreis, den die Käserei zahlen kann, erzielt sie durch den Gewinn im eigenen Laden der Käserei. Nur mit der Belieferung von Gastronomie und Handel würde das nicht funktionieren. Es ist absolut wichtig, einen Teil der Produktion selbst zu vermarkten.

Wir sind immer am Verbessern, die Maria eigentlich noch mehr als ich. Beide können wir nennenswerte Missstände einfach nicht über längere Zeit hinnehmen. Zum Beispiel mussten wir lernen, uns auch mal auszuruhen. Wir sind jetzt nicht so die Leute, die irgendwo ein Ferienhaus bauen und dann weg sind, sondern wir müssen es schaffen, auch auf dem eigenen Hof mal Ruhe zu finden, und mal einfach nichts zu tun. Und unser Hof soll deshalb nicht nur funktionell sein, sondern auch schön. Weil dann das Arbeiten deutlich mehr Spaß macht. Deshalb auch die Sitzgelegenheiten überall. Und das Grundprinzip der Permakultur fußt ja auf einem ganz intensiven Beobachten der Natur. Wenn ich mich jetzt einfach mal hinsetzen kann, dann kann ich schauen und versuchen zu erkennen, welche Lösungsmechanismen die Natur für irgendwelche Probleme hat und wie ich mir das zunutze machen kann, adaptieren und vielleicht nachahmen. Das kann ich nicht beobachten, wenn ich nur am Werkeln und Laufen bin. Ich muss auch die Tiere mal in Ruhe beobachten, um zu schauen: Was machen die grad, wie kann ich mir das nutzbar machen? Da werden dann auch manchmal Probleme zur Lösung an einer ganz anderen Stelle.

Jeder, der was anbaut, trägt mit seinem Tun zur Ernährung der Weltbevölkerung bei und muss darüber nachdenken, wie er das tun möchte. Ich bin der Überzeugung, dass Betriebe mit ihren eigenen Ansätzen schon so unterschiedlich sind, dass sie gar nicht organisiert werden können. Aber sie wirken sehr stark in ihrem direkten Umfeld. Die Politik wird irgendwann darauf hören müssen. Ohne dass irgendjemand Druck ausübt und wieder jemand dagegen sein muss. Uns ist es wichtig, dass der Trend weggeht von der Industrialisierung, ob das jetzt Bio ist oder nicht, ist uns eher egal. Die handwerkliche Landwirtschaft birgt in sich schon viele Lösungen, und das werden die Menschen vielleicht eher erkennen, wenn sie selbst draufkommen. Von dieser ganzen Biosiegelei halte ich nichts. Der Kontrolleur vom Verband ist da vielleicht anderthalb Stunden in einem Betrieb. Wenn die Leute dem eher vertrauen als uns, dann würde ich mal sagen, haben wir was falsch gemacht. Ich glaube, weil das Pendel jetzt so lange in die eine Richtung ausgeschlagen hat, wird jetzt langsam wieder das Gegenteil gesucht werden. So ist der Mensch angelegt. Es entsteht ein Mangel, und dann wird dieser Mangel wieder beseitigt.

Mit unseren Kunden sind wir im Gespräch über unsere Arbeit. Aber dabei wollen wir nicht missionarisch sein, sondern einfach nur ansprechbar. Wir müssen schon kommunizieren, warum wir das krumme Gemüse nicht aussortieren, die Leute sind es anders gewohnt. Aber wir geben dem Gemüse einen Wert. Die Bauern im Tal halten keine Schweine, weil das Fleisch zu billig gehandelt wird und niemand mehr da ist, der sie schlachten kann. Kleinschweinehaltung, wie wir sie betreiben, entspricht dem Bild, das der Verbraucher gern hätte. Die Industrie kommt dadurch in Erklärungsnot, deshalb wird uns das von der EU enorm erschwert. Es gab sogar den Versuch, das den kleinen Betrieben ganz zu verbieten. Den großen Betrieben wäre es sehr recht, wenn man so etwas wie bei uns gar nicht mehr sehen würde.

Die Familie ist extrem wichtig, nicht als festeinkalkulierte Arbeitskräfte, aber als Abgleich, Spiegel, Sparringspartner, um Ideen zu entwicklen; und wo man auch gesagt kriegt, wenn was verquer ist. Familie als Interaktion ist wahnsinnig wichtig. Da hast du halt eine Vielzahl von Perspektiven, und das ist nützlich. Unsere älteste Tochter, die Sophie, hat ihre Schule abgeschlossen und ist im Betrieb eingestiegen. Durch ihre Ausbildung in Tirol bringt sie andere Ideen mit. Die setzen wir vielleicht nicht alle um, aber das heißt im Umkehrschluss auch, dass wir nicht mehr alles umsetzen, was Maria und ich an Ideen haben. Jeder hat andere Prioritäten und bringt andere Sichtweisen ein, und das lässt dich leichter hinterfragen, was du gerade tust. Das ist genial. Wie hat das der Lichtenberg gesagt: »Ich weiß nicht, ob es besser wird, wenn es anders wird. Aber es muss anders werden, wenn es besser werden soll.« So ist es in der Landwirtschaft.

Die älteste Tochter Sophie Bogner hat die Landwirtschaftsschule abgeschlossen und arbeitet mit im elterlichen Betrieb. Das Sauerteigbrot aus dem Holzofen wird im hofeigenen Laden angeboten.

Boar, Bad Wiessee, Holz, Familie Bogner	
Gemüseanbau, Hofcafé, Hofladen	
Weiderinder, Murnau-Werdenfelser	16
Gänse, Hühner, Enten	
Schweine	4
Grünland	8,5 ha
Ackerbaufläche	1,5 ha
Wald	4 ha

Schafstatt

Gmund Familie Liedschreiber

Andreas Liedschreiber: Als wir darüber nachdachten, auf Mutterkuhhaltung umzustellen, informierten wir uns beim Zuchtverband in Miesbach. Dort sagte man uns, dass das Fleckvieh bereits von der Milchleistung her so hochgezüchtet ist, dass es bei der Mutterkuhhaltung problematisch werden könnte. Eine Fleckviehkuh gibt 20 bis 30 Liter Milch am Tag, das ist für ein Kalb zu viel. Aufgrund der Züchtung kann sich die Milchbildung nicht so schnell zurückentwickeln.

Deshalb haben wir uns über andere Rinderrassen informiert und uns für die Limousin-Rinder entschieden. Wir haben mit einer Herde aus acht Mutterkühen und sechs Kälbern angefangen. Die Limousins sind ideal für die Mutterkuhhaltung, sie sind robust und ausgeglichen. Sie haben ein ruhiges Gemüt und bauen eine starke Beziehung zu ihren Kälbern auf.

Ich kann ohne Weiteres auf dem Feld in die Herde reingehen, sie kommen alle her und sind neugierig. Die Kälber sind »pumperlgesund«, sie wachsen und gedeihen. Mittlerweile haben wir 21 Rinder in der Herde. Durch die Bewegung auf der Weide und auch auf der Alm sind sie muskulös und gesund. Das Fleisch, das wir so gewinnen, ist hochwertig und hat einen geringen Fettanteil. Für eine stressfreie Schlachtung wird bei uns direkt auf dem Hof geschlachtet. Der Metzger kommt zu uns, und das Tier kann dann in seiner Umgebung bleiben, so vermeiden wir die Ausschüttung von Stresshormonen.

Weidefleisch hat eine hohe Qualität durch den naturbelassenen Kreislauf, das ist uns wichtig. Unsere Kunden schätzen das sehr. Die Nachfrage nach diesem Fleisch ist groß, das Bewusstsein der Menschen für die Herkunft und Haltung von Tieren wird immer stärker. Dafür bin ich sehr dankbar. Die Vermarktung ab Hof zahlt sich durch die Wertschöpfung aus, das ist ein Beitrag zu einem nachhaltigen Konzept und wir sehen uns auch in unserer Arbeit bestätigt, wenn die Kunden zufrieden sind. Aber die Direktvermarktung ist mit einem höheren Aufwand verbunden, durch die Kundenwerbung und Kundenpflege und durch die Hausschlachtung.

Als wir 2003 den Betrieb übernommen haben, haben wir viel Zeit und Energie in das hofeigene Brennrecht gesteckt. So hat sich unsere Edelbrand-Destillerie entwickelt. Wir haben das Sortiment ausgebaut und Führungen durch die Brennerei angeboten, die Destillerie ist stetig gewachsen. 2009 haben wir uns dann entschlossen, uns noch stärker auf die Destillerie zu konzentrieren. Deshalb haben wir den Milchviehbetrieb beendet und Pensionstiere zur Aufzucht genommen. Zudem wollten wir auch unabhängig von der Preisgestaltung der Molkereien und der Schlachthöfe sein. Man musste den Preis annehmen, den andere diktierten.

Im September 2019 haben wir dann mit der Mutterkuhhaltung angefangen, wir wollten eigenständig vermarkten. Das heißt auch, absolut hinter dem eigenen Produkt zu stehen und die Verantwortung für die Vermarktung selbst zu übernehmen. Das war eine Herausforderung für uns. Mit dieser Entscheidung fühlen wir uns jetzt richtig wohl. Die Kälber von Geburt an zu betreuen und zu sehen, wie sie aufwachsen, ist uns eine Freude. Wir wirtschaften biologisch, das ist uns wichtig, dass wir mit der Natur arbeiten.

Von Mai bis September kommen unsere Tiere auf die Mitterbergalm in der Valepp. Wir haben einen Senner beschäftigt, der auf sie aufpasst. Die Almhaltung bedeutet, dass die Tiere viele Kräuter fressen können, und dass sie besonders gesund und vital aufwachsen. Und das wirkt sich auch wieder auf die Fleischqualität aus. Auch wenn wir heute weniger Tiere haben als früher, möchte ich immer Landwirt bleiben. Ich liebe die Abwechslung in meinem Beruf, einmal die Arbeit mit den Tieren, mit der Destillerie, auch die mit den Maschinen oder die Arbeit in der Werkstatt. Flächenbewirtschaftung mag ich und auch die Almwirtschaft. Und im Wald zu sein,

Anna-Maria Liedschreiber ist ländliche Hauswirtschaftsmeisterin und Edelbrand-Sommelière, Andreas Liedschreiber ist gelernter Zimmerer und Landwirtschaftsmeister. Die Familie hat sechs Kinder. Mit auf dem Bild sind Tobias, Anna-Helena, Katharina, Christina und Verena.

Im natürlichen Herdenverband leben die Limousin-Rinder mit ihren Kälbern vom Frühjahr bis in den Herbst hinein erst auf der Weide und auch auf der Alm.

ihn durchzuforsten und Holz zu machen, liebe ich sehr. Bei uns ist jeder Tag anders.

Anna-Maria Liedschreiber: Wir legen großen Wert darauf, dass die Schlachtung völlig stressfrei abläuft. Ein regionaler Metzger kommt zu uns auf den Hof, das Tier wird vor Ort geschlachtet und anschließend vom Metzger in einer speziellen Schlachtbox mitgenommen. Dadurch vermeiden wir, dass die Tiere sich aufregen, und alles verläuft in Ruhe. Wir bauen ja auch eine Bindung auf zu den Tieren und möchten, dass es ihnen wirklich bis zum Schluss gut geht. Wir ziehen die Tiere mit so viel Mühe und auch Liebe auf. Deshalb ist uns auch wichtig, dass das Ende würdig und artgerecht ist. Unsere Philosophie bezieht sich auf die Kreislaufwirtschaft der Natur, der Tiere und Menschen.

Ich liebe es, die Herde zu beobachten. Die Mütter haben immer ein Auge auf die Kleinen. Die lassen sie spielen und rumrennen und schauen gleichzeitig, ob alles in Ordnung ist. Das ist für mich immer wieder wie ein Wunder. Es freut uns einfach, die Tiere so zu sehn. Und unsere Kinder freut das auch. Dass die Kunden uns oft sagen, wie gut sie die Produkte finden, zeigt uns, dass die Umstrukturierung richtig war. Wir denken, dass die kleinstrukturierte Landwirtschaft die Natur bewahrt und schätzt, und mit unserer Arbeit wollen wir auch dafür Verantwortung übernehmen, dass diese Art der Landwirtschaft erhalten bleibt.

Auf so einem Hof gehört alles zusammen. Ohne Tiere gibt es kein Grünland. Unsere Wiesen einfach zu verpachten, würde uns nicht froh machen. Wir haben für uns herausgefunden, wie wir arbeiten wollen, und halten Vieh, wie das auch gut für uns ist. Die Kühe fressen das Gras, oder wir machen Heu draus, dann düngen wir mit dem Mist der Kühe die Wiesen, und dann geht's wieder von vorn los. So ist der Kreislauf.

DE 09 894
19 362
DE 09 894
19 362

Andreas Liedschreiber auf der Mitterbergalm in der Valepp. Limousin-Rinder stammen aus den Mittelgebirgslagen Frankreichs. Sie sind anpassungsfähig, robust, fruchtbar und langlebig. Durch die Weidehaltung entwickeln sie wertvolles Muskelfleisch. Die männlichen Stierkälber werden als Ochsen aufgezogen.

In der Herde lernen die Jungtiere soziale Strukturen und Hierarchien. Die Mutterkuhhaltung ist eine artgerechte und auch traditionelle Methode der Fleischerzeugung, die sich bei der Fleischgewinnung gerade wieder durchzusetzen beginnt. Andreas Liedschreiber befreit die Almflächen von Gehölz.

Schafstatt, Gmund, Familie Liedschreiber	
Weiderinder, Limousin	21
Destillerie	
Grünland	18 ha
Almfläche	36 ha
Wald	14 ha

52 646

Böckl

Kreuth, Brunnbichl
Familie Kandlinger

Josef Kandlinger: Unseren Hof konnten wir erst mit dem Laufstall biozertifizieren lassen, weil man für die Umstellung auf Bio einen Laufstall braucht oder einen Winterauslauf. Beim alten Stall war das nicht möglich. Die Entscheidung für den Laufstall war nicht so einfach. Da muss man abwägen. Man baut für die Zukunft und auch, damit es für die Kinder leichter ist weiterzumachen, oder man muss dann eben später aufhören. Bei unserer Hoflage konnten wir nicht anbauen, deshalb sind wir jetzt da raus gegangen. So ist es leichter zu wirtschaften. Zurzeit haben wir einundzwanzig Milchkühe im Stall. Platz hätten wir für siebenundzwanzig. Aber das werden wir gar nicht ausnutzen können, weil wir die Flächen dafür nicht haben. Die Hörner lassen wir dran. Die sind angeboren. Es wird schon einen Sinn haben, dass die Kühe Hörner haben.

Beim neuen Laufstall muss ich mich beim Melken nicht mehr bücken und kann im Stehen arbeiten. Das ist ein angenehmeres Melken. Ich kann mir gar nicht mehr so leicht vorstellen, wie's vorher war, da musste man bei jeder Kuh runtergehen. Jetzt steh ich einfach gerade, und die kommen auf einer gewissen Höhe rein. Wir hatten beide schon mal mit den Knien Schwierigkeiten. Deshalb dachten wir, da tun wir vielleicht auch was Gutes für uns. Vorher waren das ungefähr achtzig bis hundert Kniebeugen am Tag. Bei jeder Melkzeit musstest du dich zweimal bei jeder Kuh hinknien, und das zweimal am Tag. Das ist jetzt schon mal eine angenehme Sache. Aber das mit dem neuen Stall mussten wir lernen, und die Tiere haben es auch lernen müssen. Für uns war alles neu. Bei den Tieren kann man schon sagen, dass sie ein Vierteljahr gebraucht haben, um sich wirklich umzugewöhnen, und bis alle ihre eigenen Bereiche hatten. Jetzt ist's gut. Das heißt, seit drei Tagen wieder nicht, weil wir jetzt die drei Frischen dazugetan haben. Da musst du halt ein bissl aufpassen, wenn du neue Tiere zur Herde gibst. Die brauchen erst mal eine Zeit. Wir müssen sie anlernen, bis sie kalben. Dass sie in den Melkstand reingehen, wenn's soweit ist, und dann die Milch geben. Das ist jetzt eine andere Arbeit als vorher. Da hast du die Jungen einfach im Stall angehängt, und sie sind dann halt mitgelaufen. Wenn man neu baut, sollte man eigentlich größer bauen. Aber ich kann nicht für vierzig oder fünfzig Kühe rechnen, ohne die Flächen dafür zu haben. Ein bisschen haben wir schon noch Erweiterungsmöglichkeiten. Wenn sich jetzt irgendwann einmal etwas ergeben würde, dass wir eine Fläche dazubekommen, können wir auf siebenundzwanzig Kühe vergrößern. Aber die Arbeit passt jetzt.

Wir haben Einfluss auf die Herde. Wenn die Tiere am Fressgatter sind, und du lässt zuerst die Jungen raus, dann ist's schon mal ruhiger. Man redet auch mit den Berufskollegen und fragt, wie das bei ihnen ist. Wie bei der Kaserei. Wenn wir da mit einem kleineren Haufen beieinander sind, tauschen wir uns aus. Wir machen auch Hofbesichtigungen miteinander. Die Zugehörigkeit zur Genossenschaft ist wichtig für uns. Über die Kaserei wird schon ein anderer Milchpreis gezahlt, das macht etwas aus für uns. Zurzeit ist die konventionelle Milch auf dem Markt teilweise teurer als die Biomilch, aber in der Kaserei nicht. Gerade ist alles ein bisschen durcheinander. Damals, als die Genossenschaft gegründet wurde, war das Hauptanliegen, die Landwirtschaft bei uns zu unterstützen. Damit sie so, wie wir sie betreiben, erhalten bleibt. Damals ist nach Italien geliefert worden von den Molkereien, die Milch ist gar nicht hier verarbeitet worden. Wir haben nicht mehr gewusst, was mit der Milch passiert. Und mit dem Weltmarkt können wir nicht konkurrieren, da haben wir keine Chance. Wenn jemand hundert Kühe hat, sind das ganz andere Voraussetzungen. In unserer Gegend ist es wichtig, dass wir die Kulturlandschaft mit erhalten. Das ist ein zweites Standbein. Und dann gibt es noch den Tourismus. Seitdem die Kaserei gegründet wurde, sind noch nicht viele ausgestiegen, nur ganz wenige. Und die führen immer noch die Landwirtschaft weiter, aber haben mit dem Milchvieh aufgehört.

Katharina und Josef Kandlinger gehören zur Genossenschaft der Naturkäserei Tegernseer-Land eG. Die Bauernfamilien der Genossenschaft betreiben Weidewirtschaft und produzieren Heumilch. Der Böcklhof hat einen Anteil an der Weidegemeinschaft Weißachau.

Vorausgehende Doppelseite, links: Der Laufstall der Kandlingers liegt einen kurzen Fußweg vom Böcklhof entfernt. Im März werden die Grünflächen vorbereitet. Auf die Weide kommen die Milchkühe erst, wenn das Gras im Mai ausreichend hoch gewachsen ist.

Bei uns bin ich für den Skilift zuständig und für die Waldwirtschaft. Die Kinder helfen auch manchmal mit, das läuft schon gut momentan. Die wissen im Stall ganz genau Bescheid. Was grad los ist da, wer kalben soll, da kennen sich die Kinder super aus. Du musst dich halt mit der Herde befassen. Da ist dann eine zum Trockenstellen, oder eine ist nach dem Kalben wieder zum Besamen. Man muss immer ein bisschen schauen. Mit der Heumilchwirtschaft haben wir erst durch die Kaserei angefangen, denn das war die Vorraussetzung. Vorher haben wir Heu und Silage gefüttert, wie eigentlich fast alle. Wir hätten damals investieren müssen, in ein Fahrsilo oder Ähnliches, aber dann haben wir in die Heutrocknung investiert. Ganz am Anfang war ich skeptisch. Aber das hat sich schnell gegeben. Was auch besser ist jetzt, ist der Geruch. Das Verteilen vom Silo war früher außerdem schon eine schwere Arbeit. Wir konnten ja auch maschinell nix machen im alten Stall und haben alles mit der Hand verteilen müssen. Das Trocknungsheu, das wir jetzt erzeugen, fressen die Kühe am allerliebsten. Dafür hatten wir im alten Stall einfach noch zu wenig Platz. Bei dem Heu aus der Trockenanlage ist noch alles dran, es ist nicht so oft gewendet worden. Da sind die ganzen Blätter vom Löwenzahn und vom Klee noch mit dabei. Wenn ich das Heu nur auf der Wiese trockne, bröselt es zusammen. Das ist jetzt mit dem neuen Stall noch mal besser, das ist ein großer Vorteil. Die Kühe fressen dann mehr und du sparst eher noch ein bisschen Kraftfutter. Du kannst jetzt auch eher etwas jüngeres Gras trocknen, das mehr Energie hat, mehr Eiweiß. So haben wir die alte Art, Heu zu machen, noch ein bisschen verfeinert, und man hat sie auch den jetzigen Gegebenheiten angepasst, sodass man sich leichter tut. Das ist so ganz gut.

Die Kandlingers nutzen eine halbautomatische Melkanlage, bei der sechs Kühe gleichzeitig gemolken werden können. Der Böcklhof hat einen Anteil an der Weidegemeinschaft Weißachau.

Als Bauer bist du dein eigener Herr. Die Arbeit musst du gut einteilen, aber dann ist's einfach schön zum Arbeiten.

Katharina Kandlinger: Wir lassen die Hörndl dran, weil sie schön sind. Deshalb ist es auch besser, wenn der Stall nicht so voll belegt ist. So haben die Kühe mehr Platz. Ich denke, dass mithilfe der Hörndl bei der Verdauung Gase freigesetzt werden, die wichtig sind für die Kühe, auch zum Wiederkäuen. Kühe, die keine Hörner mehr haben, bekommen in der Mitte des Kopfes so einen Huckel. Ich denke, das ist die Ausweichfläche für das Gas, das sich dann einen anderen Platz sucht im Körper. Ich finde es gut, dass wir die Hörndl dranlassen, aber das muss jeder selbst entscheiden. So ein Horn birgt auch immer eine Unfallgefahr, es kann immer etwas passieren. Gut, es kann auch ohne Hörndl was passieren. Aber ich kann verstehen, wenn jemand schlechte Erfahrungen gemacht hat, dass er dann die Hörndl nicht haben möchte. Es ist schon ein anderes Handling als mit einer Kuh ohne Horn. Und wenn eine Kuh so eingesperrt ist, ist die Gefahr schon ein bisschen größer. Aber wenn ich weiß, wie ich damit umgehen muss, ist das in Ordnung. Den Kindern müssen wir eh alles zeigen, ob im neuen Stall oder im alten.

Im Laufstall ist die Rangordnung zwischen den Kühen schon anders. Das ist eine Herausforderung, dass man da das Vertrauen behält, dass nichts passieren wird. Die raufen ja schon mal. Manche sind charaktermäßig wirklich wild. Zum Beispiel die Betty beim Fressgatter, der habe ich heute mal was erklärt. Ich habe ihr in die Augen geschaut und gesagt: »Betty, wenn du dich jetzt nicht besser benimmst, dann war's das bei uns. Dann darfst du nicht mehr hier sein und dieses tolle Heu fressen.« Ich weiß nicht, ob sie's verstanden hat. Die mobbt die Jungen, so richtig, das geht halt einfach nicht. Normalerweise dauert es ein, zwei Tage, dann ist alles ausgemacht, und die Jungen wissen, okay, sie haben die schlechtesten Karten. Sie sind immer die

In der Abkalbebox hat eine Kuh gerade ihr Kalb geboren. In den warmen Monaten kommen die Milchkühe täglich auf die Weide und das Jungvieh auf die Gfällalm am Wallberg. Die Kandlingers haben fünf Kinder. Magdalena, Barbara und Josef helfen beim Melken und Heumachen, Leonhard und Michael sind noch klein.

letzten am Melkstand, und die letzten, die zum Fressen und Saufen haben. Aber von den anderen werden sie in Ruhe gelassen. Und die Betty lässt sie halt nicht in Ruhe. Aber gut, schaun wir mal, ob's was geholfen hat.

Der Opa steht in der Früh noch genauso auf wie wir und hilft gern mit, aber er kann jetzt halt nicht mehr so wie früher. Dafür sitzt er öfter mal zwei Stunden auf der Hausbank, und das ist wirklich schön. Er sitzt so da und dann weiß ich, er schaut nach den Kindern und sieht, was die so machen. Und das ist für mich eine Entlastung.

Manchmal melken wir miteinander, manchmal einer allein, oder auch mit den Kindern. Die Kinder sind sechzehn, dreizehn, elf, vier und ein Jahr alt. Für die Gäste bin ich zuständig. Die Arbeit haben wir eigentlich gut aufgeteilt, aber es kommt halt immer was dazwischen. Jeden Tag denkst du, jetzt geht's, und dann ist alles wieder ganz anders. Das ist schon auch manchmal anstrengend. Auf so einem Hof ist nicht alles so planbar. Wenn niemand krank ist, und alles so dahin läuft, dann ist's wunderbar. Aber es darf niemand lange ausfallen, weil die Arbeit dann für den anderen zu viel wird. Ich habe eine Hilfe für die Gästezimmer, die samstags kommt. Ohne Unterstützung würde das auch gar nicht funktionieren. Die Kleinen sind halt noch so klein. Das ist ein Grund, warum es momentan noch manchmal chaotisch ist. Das Arbeitspensum muss so sein, dass wir es schaffen können. Eine Arbeitskraft einzustellen, ist für uns nicht wirtschaftlich. Aber zu viel zu arbeiten, ist auch nicht gut, weil das einfach auf die Gesundheit geht. Und unsere Kinder sollen auch ein gutes Bild bekommen und sehen: Das macht Spaß und es ist auch zu schaffen. Wenn die sehen würden, dass jeder nur genervt ist und so viel arbeiten muss, dann haben die kein gutes Gefühl. Das wollen sie nicht. Also muss ich die Arbeit für mich so organisieren, dass ich das positiv rüberbringe. Dann helfen sie auch viel lieber mit. In der ganzen Coronazeit, da sind unsere Mädels irgendwie aufgeblüht und haben sich mehr für den Hof interessiert als vorher. Das liegt vielleicht am Alter, doch es war auch einfach nicht so viel los drum herum.

Seit wir biologisch wirtschaften, hat sich eigentlich nicht viel geändert. Wir haben schon immer Wert auf das Natürliche gelegt. Mit der Heumilch wussten wir erst einiges nicht so genau, aber dann haben wir uns viel angeschaut. Das mit der Heutrocknung wusste ich zum Beispiel nicht. Was sich vor allem geändert hat durch die Heumilch, ist der Geruch. Der Heugeruch ist sehr angenehm, auch für die Gäste. Das hat ein bisschen was Nostalgisches. Es ist schön, wenn alles nach Heu duftet, ich mag das. Und es ist auch arbeitstechnisch leichter. Die Silage ist feuchter und schwerer. Das war richtig schwere körperliche Arbeit, es auseinanderzukriegen und zu verteilen. Das war die erste richtige Erleichterung. Und das maschinell getrocknete Heu mögen die Kühe vielleicht noch lieber als das, was wir früher auf der Wiese fertig getrocknet haben.

Böckl, Kreuth, Brunnbichl, Familie Kandlinger

Milchkühe, Miesbacher Fleckvieh	21
Jungvieh	20
Grünland	28 ha
Almhaltung	
Wald	19 ha

Die Heumilchproduzenten der Naturkäserei TegernseerLand eG verzichten auf Silage und andere vergorene Futtermittel, gefüttert werden ausschließlich luftgetrocknetes Heu sowie ein geringer Anteil an Getreide. Der Altbauer Josef Kandlinger verteilt das Heu aus der Trockenkammer auf dem »Futtertisch« des Laufstalls.

STEPA

Bauer in Gschwend

Fischbachau, Obergschwend Familie Schönauer

Andreas Schönauer: Früher, als wir Kinder waren, da gab's was zum Frühstück und dann wurde die Speisekammer abgeschlossen, mit einem Schlüssel. Da hast du's dir zweimal überlegt, ob du wirklich bis zum Mittagessen hungrig bleiben willst. Vielleicht einen Apfel gab's, aber die war'n ja auch nicht immer gerade reif. Die Schweindl, die die Eltern hielten, hatten sechs Zentner, das war nur Fett. Das war gewollt, Fett war ein Energieträger. Das mussten wir essen. Bei unseren Kindern ist das anders, die zwingen wir zu nichts. Ich bin zufrieden mit den Kindern. Sie sind wohlgeraten und gesund sind sie auch, da fehlt sich nix. Wir haben ein ganz großes Glück. Wir haben sechs Kinder. Der Jüngste hat jetzt Interesse am Hof, der Marinus. Er wird gerade fünfzehn.

Die »Gschwend« heißt »Urbarmachung«. Unser Hofname stammt von 1100, als sie angefangen haben bei uns, die Flächen frei zu machen. Vorher war das ja alles hier nur Wald. Der Hof, wie er jetzt dasteht, ist von 1840 bis 1848 aufgebaut worden. Dafür hat mein Uronkel acht Jahre lang Steine geklopft. Acht Jahre, nur fürs Material. Und das Ganze ist 1957 abgebrannt und dann im alten Stil wiederaufgebaut worden. Der Vater hat gesagt, da soll einer im Heu geraucht haben. Ob das stimmt, weiß ich nicht. Der Sommer war heiß. Deshalb haben sie am 1. Juli schon den ersten Schnitt gemacht und das Heu eingefahren. Am 3. Juli hat es dann gebrannt.

Dass ich den Hof übernehme, war überhaupt nicht klar. Ich bin der Vierte von Fünfen. Den Ältesten, den haben sie zum Studieren geschickt, weil einer muss ja Pfarrer werden. Und der Nächste ist dann zum Metzger. Und ich bin ein Zwilling, und eigentlich wollte ich auch erst was anderes lernen. Dann war der Vater da wie ein Häuferl Elend auf der Bank gesessen und sagte: »Mei, jetzt hat's vier Buben und keiner mag weitermachen.« Da hat er mich halt erreicht. Da war ich vierzehn. Ich bin dann mit vierzehn aus der Schule gekommen. Heute reut's mich nicht, aber in der Jugend, da habe ich keine Freizeit gehabt in dem Sinne. Die anderen waren lustig und fidel und waren beim Baden, und du hast im Stall sein müssen. Der Vater war alt und ist dann bald gestorben. Übernommen habe ich mit zwanzig Jahren. Das Bauersein hat man oder man hat's nicht. Man muss diesen Idealismus weiterentwickeln und auf einiges verzichten können. Wir haben auch den Kindern erklärt, warum das mit dem Reisen nicht so geht. Die haben schon die Köpfe hängen lassen. Aber vor zwei Jahren waren wir eine Woche in Kroatien, die komplette Familie, und somit waren alle zufrieden gewesen. Und ich muss ganz ehrlich sagen, mir hat's auch gefallen.

Heuer haben wir dreiundsechzig Rinder oben auf der Alm und fünfzig Schafe. Früher war hinter der Hütte von der Nachbaralm eine Schneelast. Da haben sich die Schafe die Hufe gekühlt. Denn die Wolle wächst ja mit. Der Schnee war den ganzen Sommer über da, aber das gibt's jetzt schon seit zwanzig Jahren nicht mehr. Jetzt gehn s' halt immer weiter nach oben, wo es ihnen im Wind besser geht. Wenn's Abend wird, gehn sie wieder ins Großtiefental rein, oder es ist Schlechtwetter, dann sind sie auch unten. Die Wolle müssen wir wegschmeißen. Du kriegst fürs Kilo 25 Cent, da ist der Aufwand zu groß. Früher, als wir sie noch mit der Hand geschoren haben, hat's Kilo zehn Mark gekostet. Aber die hat sauber sein müssen. Im Herbst ist das ja gegangen, da sind sie sauber reingegangen zum Scheren. Aber im Frühjahr! Wir haben uns da ja kaputt geschuftet. Die sind in so einen Waschzuber reingekommen, und die Arbeit hat fünf, sechs Leute gebraucht. Stell dir mal vor, du musst das heute zahlen. Für die Wolle als Dämmmaterial gab's schon Interessenten, aber die mögen natürlich auch keinen Dreck. Bei den Schafen geht es um die Fleischgewinnung, aber primär um die Landschaftspflege. Die Schafe sollen die Almfläche freihalten, das ist der größte Nutzen. Das wird pro Hektar gefördert. Früher wurde nach Bestoß gefördert, also wie viele Viecher du oben hattest, das haben sie Gottseidank abgeschafft. Heute wird nach Fläche gefördert.

Flächenförderung ist das Fairste. Im Vertrag steht dann: »Es muss erkennbar gut beweidet sein.«

Die Kühe haben wir so lange, dass sie ungefähr fünf Kalberl kriegen, also acht Jahre. Eine Lieblingskuh habe ich nicht, ich mag die alle. Wenn du sie so hältst wie wir, ist der Kontakt ja da, die sind an uns gewöhnt. Die wollen getätschelt werden. Irgendwo juckt's und zwickt's ja immer.

Wir haben Kombinationshaltung. Momentan kriegen die Kühe eine Mischung aus Silo, Heu und Kraftfutter. Weil das gerade einfacher ist. Sie dürfen ja raus, nur nicht so lang wie bei den anderen. Hundertfünfzig Tage, wie soll ich das hier heroben machen? Ich muss mich schicken, dass ich das ganze Futter für den Winter ranbringe, da bin ich ganz schön beschäftigt. Wenn's gut geht, kommen sie bei uns von August bis November raus. Wenn's Wetter passt. Wenn's recht nass ist, muss ich sie im Stall lassen, sonst machen die so viel kaputt. Das sieht man, die Wiesen hinterm Haus, die sind ja steiler. Da lass ich jetzt nur noch die Schafe rein. Jetzt ist die Grasnarbe dicht. Da hast du dann einen Ertrag. Das ist schon ein Unterschied. Beim Weidegang, so gut das auch ist, ist die Milchmenge geringer. Bewegung kostet einfach Energie: Müssen die Kühe weiter gehen, verbrauchen sie mehr. Und dafür, dass ich weniger Milch habe, habe ich anderthalb Stunden mehr Arbeit. Und ich brauche Weidepflege. Wenn's schlecht geht, muss ich die Weide neu einsäen, und Saatgut ist teuer. Im Laufstall ist das einfach: Wenn die Kühe drinbleiben wollen, bleiben sie drinnen, wenn sie rausgehn wollen, gehen sie raus. Das ist ideal. Wenn der Sohn einen Laufstall will, müsste er ihn eigentlich selber bauen. Doch so schlau ist er schon, dass er sagt: »Bau du ihn.« Aber da müssten erst andere Förderungen kommen.

Wenn wir einen Stall bauen, müssen wir vermutlich die Anzahl der Kühe verdoppeln. Ich möchte nicht bauen, aber muss. Sonst hat man ja gar keine Chance. Wir sind im alten Kreis gefangen, die Molkereien bestimmen die Preise. Aber die kleinen Betriebe machen ja auch die Landschaftspflege. Bei den großen Betrieben, da geht alles mit Maschinen. Die Maschinenzeit kostet Geld, da geht alles schnell, schnell, schnell, und die Pflege bleibt auf der Strecke.

Alle [Leute] wollen Blühstreifen und Insekten fördern, aber beim Kaffeetrinken hocken s' mit der Fliegenklatsche da, und draußen läuft der Mähroboter. Das ist alles zweischneidig.

Die Schafe holen wir erst von der Alm, wenn der Schnee kommt. Die schlachten wir selbst. Mein Bruder kann das, er ist gelernter Metzger, und er ist auch Mesner. Unser zweites Standbein ist die Forstwirtschaft. Beim Hof ist unheimlich viel Holz dabei, das haben meine Vorfahren schon alles zusammengekauft. Ungefähr ein Drittel erwirtschaften wir mit dem Forst. Der Holzpreis ist gut, aber die Inflation frisst das ja alles sofort wieder auf. Die Holzarbeit vergeben wir. Das selbst zu machen, lohnt sich nicht mehr. Ich hab das Glück, dass ich schnell erntefähiges Holz habe.

Bauer bin ich gern, weil man ein freies Leben hat. Du hast eine Siebentagewoche, darüber muss man sich im Klaren sein. Aber mir schafft keiner was an. Außer die Behörden, das ist natürlich der große Nachteil. Und die Vorschriften. Aber schau mal da herunter. Die Ruhe. Das ist Lebensqualität pur da heroben. Und was ich da auch genieße, gell: Wir haben mit dem Tourismus nicht so ein Problem. Der Nachbar da herunten schon. Da geht die Forststraße bis Wörnsmühl, die haben die Radlfahrer. Die gibt's hier auch, aber das ist kein Vergleich. Hier bist du halt nicht so beobachtet.

Wie es mit dem Wolf weitergeht – lassen wir uns überraschen. Man müsste den Wolf einfach schießen dürfen, ohne langes Rumreden: Sehen, schießen, schaufeln, schweigen. Schweigen wäre das Allerwichtigste, gar nicht lange reden. Wir können den Wolf nicht brauchen. Wir haben den Platz nicht mehr dafür. Nur, weil das in der EU so beschlossen wurde. Ich versteh die Behörden nicht. Es heißt doch immer: Wer zahlt, schafft an. Das gilt doch auch für die EU. Deutschland ist der größte Zahler, da hab ich dann doch auch mehr Stimmgewalt wie die anderen. Wir brauchen die EU nicht, die EU braucht uns. Da sind doch die Großkonzerne dahinter, die die Politiker in Schach halten. Aber das sagt ja keiner, und das gibt auch keiner zu.

Unsere Region ist ein reines Grünlandgebiet, wir haben kleine Betriebe. Auch der Fremdenverkehr ist da. Andere hätten gern so viel Fremdenverkehr. Ich bin eigentlich nicht so scharf drauf, weil ich nicht direkt abhängig bin. Aber da unten haben wir so ein altes Gebäude, da ist die Frage, ob wir eine Ferienwohnung reinbauen. Ich wollt's eigentlich weghaben, aber der Denkmalschutz ... Es ist ein altes »Brechlbad«, sagt man. Das sollen wir erhalten, das wird uns vom Denkmalschutz vorgeschrieben, mei, diese Vorschriften. Das ist nicht immer so leicht, so ein altes Häusl zu erhalten. Da steckt man dann jede Menge Geld rein. Es instand zu setzen, sodass auch wirklich einer drin wohnen mag, kostet mehrere hunderttausend Euro. Und ich weiß ja nicht, was man da an Miete nehmen kann von den Touristen. Mögen würden sie es schon, es ist hier oben so friedlich, das kann man gar nicht beschreiben. Hier kommt ja niemand rauf.

Kulturlandschaft heißt, die Wiesen offen halten. Dass halt auch was grün ist. Schade ist, dass heute die braunen Flächen mehr wert sind als die grünen. Es ist natürlich toll, den Naturschutz zu vertreten, aber wenn die die ganze Arbeit damit hätten, dann fänden sie's gleich nicht mehr so toll. Jeder Stein, den du nicht wegräumen darfst, bedeutet ja eigentlich mehr Arbeit, weil du dann nicht mit den Maschinen drüberfahren kannst. Was wir als Kinder noch rechen haben müssen, mit der Hand mussten wir arbeiten! Heute macht man's mit der Maschine. Und wo der Traktor nicht mehr fährt, weil's zu steil ist, kann man die Viecher reinlassen. Wir leben mit dem, was wir haben. Es ist traurig, dass wir auf Subventionen angewiesen sind, normalerweise müsste das so gehen. Man muss sich das mal

1848 wurde das große Wohngebäude erbaut und nach einem Brand in den 1950er-Jahren neu aufgebaut, nur die Mauern waren erhalten geblieben. Andreas Schönauer hat den Hof von seinem Vater übernommen.

Vorausgehende Doppelseite, links: Der »Bauer in Gschwend« wurde 1206 als Einödhof im Leitzachtal begründet. Von hier aus sieht man zum Wendelstein. Vor dem Garten steht noch ein altes »Brechlbad«, in dem früher Flachs bearbeitet wurde, um Leinen herzustellen.

vorstellen: Früher hat so ein Hof die Familie ernährt. Das waren immer so zehn, zwölf Leute. Dann haben sie noch zwei Holzknechte gehabt, ein Rossknecht war da, ein Dirndl, ein Kuhbua. Die haben nicht viel verdient und waren ja froh, dass sie da sein durften und Arbeit hatten, und daheim waren s' vom Tisch weg.

Da heroben ist es einfach schön, ich möchte gar nicht woanders sein. Bei uns ist die Schneegrenze. Wir haben doppelten Schnee hier heroben. Wenn die Nachbarn unten einen halben Meter haben, haben wir fast einen Meter, da ist einfach die Grenze. Aber dafür haben wir im Herbst fast keinen Reif, und bei den anderen ist es schneeweiß. Die Arbeit mache ich zum großen Teil allein. Ein Mieter hilft mir mit den Kühen. Das kannst du allein nicht machen. Meine Frau hat eine Erkrankung, da ist es schwierig für sie, im Stall mitzuhelfen, das geht leider nicht. Aber jetzt wächst ja der Bub her. Da wird es schon leichter. Zuerst haben mir die größeren Buben geholfen. Die sind ja schon ausgezogen, aber wenn ich sie brauche, lassen die sich schon noch sehn. Dann hat mir auch jemand aus der Verwandtschaft geholfen, der hat die Arbeit gern gemacht, das habe ich genossen.

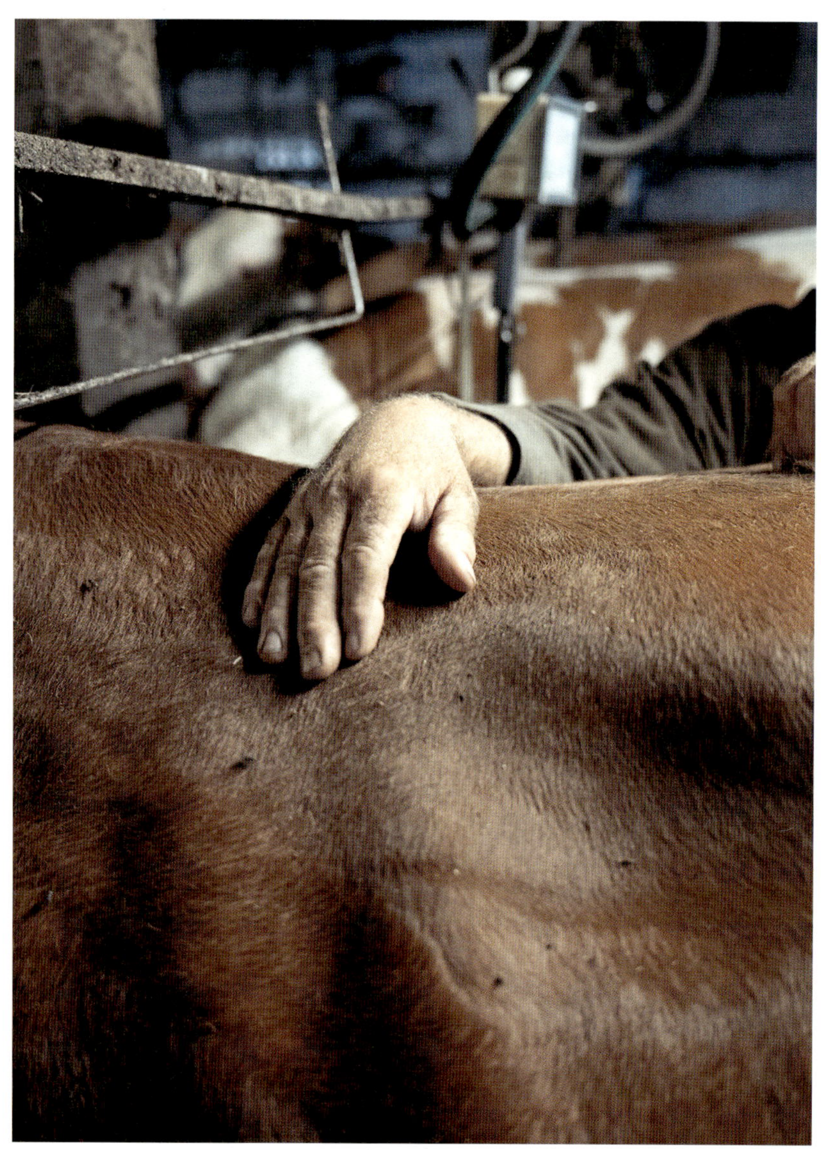

Morgens und abends melkt Andreas Schönauer seine dreißig Milchkühe, sieben Tage die Woche. Gefüttert wird mit Heu, Kraftfutter und Silage. Ein Nachbar hilft bei der Arbeit, am Wochenende und in den Ferien auch der Sohn Marinus. Der Kontakt mit den Tieren liegt Andreas Schönauer am Herzen. Die Kälber werden mit Milch gefüttert.

SAN JUANICO
74
BAJA CALI. SURF
MEXICO

Auf dem Flur im Obergeschoss steht ein traditioneller Aussteuerschrank mit Flachsbündeln und gewebten Leinenstoffen. Mit ihrem wertvollen Innenleben waren diese Schränke früher der ganze Stolz der Bäuerinnen. In Notzeiten konnten sie darauf zurückgreifen. Eine Marmortafel listet die lange Historie des Anwesens bis zum Jahr 1206 zurück. Die Familie der Schönauers kam 1802 durch Heirat an den Hof.

Bauer in Gschwend, Fischbachau, Obergschwend, Familie Schönauer

Milchkühe, Miesbacher Fleckvieh	30
Jungvieh	36
Schafe	50
Grünland	30 ha
Almfläche	58 ha
Wald	115 ha

Die zum Hof gehörende Großtiefentalalm liegt im Rotwandgebiet.

Rechts und nächste Doppelseite: Marinus Schönauer verbringt seine Ferien hier oben als Almerer, um nach dem Jungvieh und den Schafen zu sehen. Die Weideflächen müssen geschwendet, das bedeutet von Unkraut befreit werden, und die abzugrasenden Flächen werden mithilfe von Elektrozäunen so gut eingeteilt, dass das Grünfutter den ganzen Sommer über reicht.

IHS

Gschwandler

Kreuth, Reitrain
Familie Stadler

Matthias Stadler: Intensiv bewirtschaften wir nur, was wir mit dem Traktor bearbeiten können. Viermal im Jahr wird gemäht. Die Gülle brauchen wir zum Düngen. Die Kleinflächen und die Steilhänge werden extensiv bewirtschaftet, ohne Düngung. Das ist aufwendig. So kleine Stücke zu bearbeiten, lohnt sich eigentlich nicht, aber es wird als Umweltmaßnahme »Artenreiches Grünland« gefördert. Wenn ich abends mähe, enthält das Gras mehr Glukose, morgens ist der Eiweißgehalt höher. Wir produzieren auch Silage, die Kühe fressen das gern. Man muss immer genau wissen, was das Vieh gerade benötigt, und darauf reagieren. Auf unserem Hof ziehen wir die Stierkälber der anderen Bauern auf, produzieren Weidefleisch und vermarkten es selbst. Unsere ersten Kunden waren aus der Generation Fünfzig plus. Die, die überhaupt noch wussten, wie man einen Braten macht. Die Jungen kannten ja nur Steak und Hackfleisch. – Aber das hat sich geändert. Und die Innereien wollte überhaupt keiner, da hatten wir immer acht Kilo Leber über. Wir haben dann Leberknödel draus gemacht, die haben die Leute geliebt. Du musst ja nicht nur Landwirt sein heutzutage, sondern auch Salesmanager, Marketingexperte, Ernährungsberater und vielleicht auch noch Koch.

Hier in unserer Gegend ist für mich alles immer wieder neu, auch wenn ich eine Ecke schon hundert Mal gesehen habe. Mit jedem Wetter ist es anders. Das mag ich so bei uns. Wenn ich das jetzt mit unseren Kindern erlebe, erinnere ich mich plötzlich daran, wie mein Vater mir alles gezeigt hat. Das hatte ich gar nicht mehr vor Augen. Uns wurde als Kinder viel gezeigt und auch viel zugetraut. Und wir haben dann einfach gemacht. Ich war dreizehn, als der Vater gestorben ist. Ich habe noch zwei Brüder und eine Schwester, wir sind Halbgeschwister. Ich selbst war ein Nachzügler in der zweiten Ehe meines Vaters. Die Landwirtschaft wurde stillgelegt, als der Vater gestorben war. Aber ich wusste da schon, dass ich mal Bauer werde, von klein auf. Das weiß man einfach, dass man Bauer ist. Ja, man kann viel lernen, aber so das Grundsätzliche, das innen drin, das bringt man mit. Als Jugendlicher kam ich ins Internat nach Neubeuern, doch das hat mir nicht getaugt. Ich habe mich selbst heimlich auf der Schule für Forstwirtschaft angemeldet. Meine Mutter fand das nicht so gut, die hatte eigentlich andere Pläne für mich, aber ich war mir sicher.

Unser Hof wurde 1776 erbaut. Die Menschen hier in der Gegend haben so viel Land fruchtbar gemacht, auf ihre fleißige Art und Weise. Sie haben gerodet und Wurzelstöcke entfernt und die Weiden gepflegt, und ihre Viecher drauf getrieben. Jahrhundertelang. So sind unsere Weiden entstanden, und auf denen gibt es eine unglaubliche Vielfalt an Pflanzen. Aber schon jetzt sind viele dieser Flächen einfach verschwunden. Da wurde draufgebaut, oder sie sind einfach wieder zugewachsen.

Als Bauer kann ich auf meinem eigenen Grund und Boden arbeiten. Ich will gestalten, und das geht nur, wenn ich mein eigener Chef bin. Mein Erbe erhalten, verbessern, weitergeben, darum geht's. Ein Drittel erwirtschaften wir mit den Rindern, ein Drittel mit dem Wald und ein Drittel mit meiner Anstellung. Drei Tage in der Woche, das kann ich mir einteilen. Meine Arbeit muss ich für mich und so machen, wie ich's mag. Vom Hof aus können wir über das eigene Land gehen. In der heutigen Zeit ist das doch ein Königreich. Meine Kinder müssen den Hof nicht unbedingt weiterführen später, aber sie sollen die Wertschöpfung verstehen. Wir gehen in den Wald, um einen Baum zu holen. Der wird gesägt, getrocknet, und beim Schreiner lassen wir die Eckbank draus bauen. Da sitzen wir drauf. Die hält ewig. Das verstehen die Kinder.

Bei der Rinderhaltung wollen wir die ganze Wertschöpfung haben. Wir planen einen eigenen Hofladen. Eigentlich wollten wir auch einen Laufstall bauen, aber zurzeit ist es wirklich schwierig einzuschätzen, wo die Preise noch hingehen. Wir haben das erst mal verschoben, vielleicht auf nächstes Jahr. Vermarkten können wir unser Fleisch selbst. Den Anfragen, die wir

Matthias Stadler holt mit Sohn Benedikt auf der Sonnbergalm drei Kälber ab. Ende August ist das Almgebiet dort abgegrast. Der Almerer Sepp Bartl hilft, die Tiere zum Hänger zu treiben.

Vorausgehende Doppelseite, links: Der Gschwandlerhof ist seit seiner Errichtung im Jahr 1776 bis heute unverfälscht erhalten.

jetzt schon privat haben, können wir kaum nachkommen. Wir bedienen die gehobene und die normale, regionale Gastronomie. Bei der »Überfahrt« darf natürlich nichts Durchwachsenes im Steak sein, die nehmen nur die Edelteile, und davon dann die besten Stücke. Den normalen Braten, der auch super schmeckt, den nimmt mir der Wirt im Ort ab, und da heißt es dann: »Du, beim Soundso hat's noch an richtig guadn Braten, den vom Stadler, der schmeckt wie früher.« Und da laufen s' dann hin. Als das mit Corona anfing, ist uns die Gastronomie weggebrochen, das war nicht so einfach, aber dann haben wir mehr an die Endkunden verkauft, und das war dann sogar besser für uns.

Als wir begonnen haben mit dem Schlachten, habe ich mich ans Telefon gehängt und alle abtelefoniert und gefragt, wer Fleisch wollte. Fünf bis sieben Abende. Heute sind das vielleicht noch zwei Stunden. Die Julia macht das Instagram und Facebook und den Newsletter, das ist wichtig. Sie kümmert sich auch hauptsächlich um die Kinder und um den ganzen Haushalt, und dann macht sie das Büro und das Marketing. Die Tiere versorge eigentlich ich. Aber wenn mal irgendwas nicht so klappt im Stall, wenn mal ein Tier wirklich nervös wird, dann hole ich sie. Die Julia bildet so einen ruhigen Pol. Die kann's gut mit den Tieren.

Ab Ende September schlachten wir. Wir verpacken das Fleisch, und alle vier Wochen wird es dann abgeholt. So können wir die Frische garantieren und haben keine Lagerhaltung. Wir finden unsere Art der Fleischgewinnung sehr zeitgemäß. Wie wir mit den Tieren umgehen, ist sinnhaft. Das sensibilisiert uns auch insgesamt. Wir geben überdurchschnittlich viel Geld für Lebensmittel aus. Und wir wollen nur solche Lebensmittel produzieren, die wir selbst auch gern essen. Uns interessiert sehr, was die Kunden zu unserem Fleisch sagen. Wir Bauern produzieren ja etwas, das gar nicht immer gleich

sein kann. Das ist schon immer wieder spannend, was die Kunden dann sagen. Denn kein Viech ist ja wie das andere, das ist wie bei uns Menschen. Auch die Ernte ist in keinem Jahr gleich. Als Bauer kämpfst du gegen so viele Einflüsse, ob's zu viel Regen hat oder zu wenig oder zu heiß wird, das hat immer einen großen Einfluss auf die Arbeit. Aber am Ende bringst du doch noch ein gutes Produkt hin. Weil du mit der Natur lebst.

Als Bauer musst du schon ein entspannter Mensch sein, weil du eigentlich jederzeit aus dem herausgerissen werden kannst, was du gerade tust. Für die Familie ist das nicht so leicht, dass man immer sofort reagieren muss auf das, was anliegt. Dafür braucht es Verständnis, man muss viel Rücksicht nehmen. Wenn du in der Nacht im Bett liegst, und dann kommt ein Anruf von der Feuerwehr, dass gerade Vieh ausgerissen ist. Dann musst du da hin und stellst vielleicht fest, das ist gar nicht deins. Dann treiben wir halt auch mal das Vieh vom Nachbarn wieder rein, das gehört ja irgendwie dazu.

Wir tragen viel Verantwortung, um unsere Landwirtschaft zu entwickeln. Auch für die Tiere, dass sie genug Futter haben und gesund sind, und dass alles miteinander funktioniert. Und zwar nicht nur in der Arbeitszeit, sondern immer, 365 Tage im Jahr. Das muss man wollen. Am Anfang war es schon schwierig für mich. Da hab ich mit meinen Freunden abends im Bräustüberl gehockt, so richtig gemütlich beieinander sind wir gesessen, und wer dann als Erster gehn musste, das war ich. Weil ich ja um fünf Uhr aufstehn musste zum Füttern, und um sieben begann die Arbeit. Sonst kannst du ja danach nichts mehr schaffen. Die Tiere brauchen ihren Rhythmus, das muss jeden Tag gleich sein. Da kannst du nicht am Wochenende sagen, so, jetzt schlaf ich erst mal aus. Im Sommer haben wir ein paar Wochen Ruhe, bevor im September die neuen Kälber kommen. Da könnten wir schon mal wegfahren. Aber wir brauchen dann einen Betriebshelfer, das ist nicht so einfach. Und wenn wir mal einen Tag zum Schwiegervater fahren, nach Kitzbühel, dann weiß ich schon, dass das Telefon klingelt und irgendwas zu Hause los ist. Also so richtig entspannt bin ich eher, wenn ich nicht so weit weg gehe vom Hof.

Das Gelände der Sonnbergalm ist richtig steil. Wir stellen einen Zweijährigen hoch und dazu die jungen Kälber, die lernen dann von dem Ochsen, wie sie fressen und sich verhalten. Normal muss ich da nicht so oft rauf, nur wenn was Besonderes anliegt und mich der Almerer anruft. Heuer im frühen Sommer gab's ein schreckliches Unglück. Die Viecher sind ausgerissen und Richtung Schwarzentenn gewandert, über drei Kilometer weit. Dabei ist eins abgestürzt, dreißig Meter in die Tiefe. Wir haben's gesucht, auch mit der Drohne, aber erst drei Tage später

BKT
24

Die Kinder Pius und Elisabeth dürfen mit auf dem Traktor fahren. Für den Nährwert des Heus ist auch der Erntezeitpunkt entscheidend.

gefunden. Das hat mich sehr mitgenommen. Betriebswirtschaftlich haben wir das weggesteckt, aber die moralische und psychische Seite hat mir zu schaffen gemacht. Oben haben wir einen ganz erfahrenen Almerer, den Sepp Bartl. Der weiß einfach alles, und der ist auch ein begnadeter Jäger. Er ist schon Rentner und macht die Alm seit fünfzehn Jahren, auch für sich. Der kann gut mit Holz arbeiten und hat sich alles so hergerichtet, wie er das gern hat. Aber was mich am allermeisten bei ihm beeindruckt, ist, dass er keinen Weg umsonst geht. Bei ihm hat alles einen Grund. Wenn der jetzt den Weg am Hang entlang geht, dann räumt er da einen Stein beiseite, oder sieht da was zum Ausreißen. Und er hat ein gutes Verhältnis zu den Tieren. Die quatschen ja den ganzen Sommer miteinander, da hören sie halt auch gut auf ihn. Deshalb geht er mit zum Verladen. Eins von den Kälbern ist ein bisschen verrückter als die anderen, der Ignaz. Vielleicht hat er mal was erlebt mit einem Hänger, das kann gut sein.

Die meisten unserer Kälber nehmen wir von den Bauern der Naturkäserei ab. Dafür dürfen wir dann in deren Laden Produkte von uns anbieten. Die Kälber behalten wir drei Jahre. Wir haben jeweils so zehn Tiere mit ein, zwei und drei Jahren. Nach drei Jahren werden sie geschlachtet, aber dann hatten sie ein schönes Leben. Mir liegt viel an den Tieren, ich kenne jedes Einzelne. Sie wachsen mir ans Herz. Wenn ich mal aufhöre, dann behalte ich mir einen Ochsen, oder eher zwei, die wollen ja nicht so gern allein sein. Daran denke ich oft. Die beiden dürfen dann bleiben, fünfzehn Jahre lang oder solange sie halt leben. Ochsen wachsen ja immer weiter.

Gschwandler, Kreuth, Reitrain, Familie Stadler	
Kälber und Ochsen, Miesbacher Fleckvieh	34
Grünland	20 ha
Pachtalm	
Wald	20 ha

Über die Häfte des Jahres verbringen die Kälber und Ochsen vom Gschwandlerhof auf der Weide und auf der Alm. Zehn Kälber kaufen die Stadlers jedes Jahr, sie werden drei Jahre lang aufgezogen.

CORDULA FLEGEL

Fotojournalistin, Jahrgang 1965. Studium der Visuellen Kommunikation an der Hochschule für Bildende Künste in Hamburg, längere Aufenthalte in New York und Ghana. Produziert seit 1994 Bild- und Textreportagen für Zeitschriften und Magazine. Seit 2001 lebt sie mit ihrer Familie am oberbayerischen Schliersee und befasst sich zunehmend mit alpinen Lebensmitteln, Naturräumen und Handwerk. 2015 erschien ihr erstes Buch im AT Verlag mit Reportagen über die Almwirtschaft in den Bayerischen Alpen: *Das Almenkochbuch*.

Herzlichen Dank für eure Unterstützung:

Christine und Hans Leo, Anna und Lois Willerer, Astrid und Andreas Leitner, Christina Hitzelsperger, Marina und Albert Stürzer, Burgi und Burgi und Hans Estner, Elfriede und Franz Gerold, Maria Gerold, Marlene und Martin Hirtreiter, Therese und Kaspar Hirtreiter, Stefanie und Anton Maier, Antonia, Anna, Helena, Sophie Maier, Corona und Anton Maier Senior, Maria und Markus Bogner, Sophie Bogner, Katharina und Josef Kandlinger, Magdalena, Barbara und Josef Kandlinger, Anna-Maria und Andreas Liedschreiber, Marinus und Andreas Schönauer, Julia und Matthias Stadler, Benedikt Stadler, Reinhard Fest, Andrea Behrends, Regina Brodersen, Nabila Irshaid, Leni Nebel, Sabine Hentzsch, Kajetan Flegel (Portrait Autorin), Sibylle und Hans Strack-Zimmermann

LITERATURHINWEISE

[1] Vgl. https://gemeinde.bayrischzell.de/de/gemeinde/geschichte/-chronik

[2] Zit. aus: Werner Bätzing: Das Landleben – Geschichte und Zukunft einer gefährdeten Lebensform, München: C.H. Beck 2020, S. 241

[3] Vgl.: Ulrich Hampicke: Kulturlandschaft – Acker, Wiesen und Wälder und ihre Produkte, Berlin: Springer Verlag 2018

[4] Agrar-Atlas: Daten und Fakten zur EU-Landwirtschaft, Berlin: Heinrich-Böll-Stifung, 2. Auflage 2019, S. 9

[5] Agrar-Atlas: Daten und Fakten zur EU-Landwirtschaft, Berlin: Heinrich-Böll-Stifung, 2. Auflage 2019, S. 29